Enzo Emanuel Raimondo
María Soledad Fuentes
Claudia Susana Benimeli

Biorremediación de Suelos Contaminados con Lindano por Actinobacterias

Enzo Emanuel Raimondo
María Soledad Fuentes
Claudia Susana Benimeli

Biorremediación de Suelos Contaminados con Lindano por Actinobacterias

Empleo de un consorcio de actinobacterias para remover lindano en diferentes tipos de suelos

PUBLICIA

Imprint
Any brand names and product names mentioned in this book are subject to trademark, brand or patent protection and are trademarks or registered trademarks of their respective holders. The use of brand names, product names, common names, trade names, product descriptions etc. even without a particular marking in this work is in no way to be construed to mean that such names may be regarded as unrestricted in respect of trademark and brand protection legislation and could thus be used by anyone.

Cover image: www.ingimage.com

Publisher:
PUBLICIA
is a trademark of
International Book Market Service Ltd., member of OmniScriptum Publishing Group
17 Meldrum Street, Beau Bassin 71504, Mauritius

Printed at: see last page
ISBN: 978-620-2-43223-8

Biorremediación de Suelos Contaminados con Lindano por Actinobacterias

Enzo Emanuel Raimondo[1,2], María Soledad Fuentes[1], Claudia Susana Benimeli[1,3]

[1] Planta Piloto de Procesos Industriales Microbiológicos (PROIMI-CONICET), Avenida Belgrano y Pasaje Caseros, 4000 San Miguel de Tucumán, Tucumán, Argentina.

[2] Facultad de Bioquímica, Química y Farmacia, Universidad Nacional de Tucumán (UNT), Batalla de Ayacucho 471, 4000 San Miguel de Tucumán, Tucumán, Argentina.

[3] Facultad de Ciencias Exactas y Naturales, Universidad Nacional de Catamarca (UNCA), Avenida Belgrano 300, 4700 San Fernando del Valle de Catamarca, Catamarca, Argentina.

enzo_er_25@hotmail.com (Raimondo E.E.)

soledadfs@gmail.com (Fuentes M.S.)

cbenimeli@yahoo.com.ar (Benimeli C.S.)

ÍNDICE

RESUMEN

El lindano es un plaguicida organoclorado que, a pesar de estar prohibido en muchos países debido a su elevada toxicidad, persistencia en el ambiente y acumulación en las cadenas tróficas, aún se detecta en matrices ambientales (suelo, agua y aire) y en tejidos humanos y animales.

Por ello, surge la necesidad de sanear los sitios contaminados, y el proceso de biorremediación representa una alternativa adecuada para este fin. Dentro de los microorganismos empleados en biorremediación, las actinobacterias poseen un gran potencial para biodegradar compuestos tóxicos tales como plaguicidas, debido a su diversidad metabólica y a su capacidad para actuar sobre diferentes sustratos.

En el presente libro, se estudia la biorremediación de diferentes tipos de suelos contaminados con lindano mediante la bioaumentación con actinobacterias.

Para tal fin, se empleó el consorcio microbiano integrado por *Streptomyces* sp. A2, A5, A11 y M7, seleccionado previamente en base a su eficiencia para remover y declorinar diferentes plaguicidas organoclorados. Posteriormente, se estudió la capacidad del mismo para remover lindano en microcosmos de suelos no estériles de diferentes texturas.

En los tres suelos evaluados, suelo franco limoso (SFL), suelo arcilloso (SArc) y suelo arenoso (SAre), los recuentos de microorganismos heterótrofos totales aumentaron durante los 14 días del ensayo y fueron mayores en suelos contaminados y bioaumentados que en los suelos contaminados sin bioaumentar. En todos los suelos contaminados, se detectó una disminución en la concentración inicial de lindano, con porcentajes de remoción más altos en los microcosmos bioaumentados (SAre 70,3%; SFL 36,3%; SArc 30,7%), que en los no bioaumentados (SAre 40,4%; SFL 9,3%; SArc 12,2%). Además, la presencia del consorcio microbiano redujo el tiempo de vida media del plaguicida en 77,3; 50,3 y 10,7 días, en SFL, SArc y SAre, respectivamente, en relación a los controles contaminados sin inocular.

Posteriormente, se evaluó el efecto de lindano y del proceso de biorremediación sobre las actividades enzimáticas del suelo. Se observó que el plaguicida tuvo un efecto inhibitorio sobre las actividades deshidrogenasa y fosfatasa ácida y alcalina, así como también sobre la hidrólisis del diacetato de fluoresceína, mientras que ejerció un efecto estimulatorio sobre la actividad catalasa. Sin embargo, no se observó ningún efecto sobre la actividad ureasa. En los microcosmos contaminados y bioaumentados con las actinobacterias, se incrementaron todas las actividades enzimáticas.

Finalmente, se demostró la supervivencia de las cuatro cepas integrantes del consorcio al final del ensayo de biorremediación.

Los resultados obtenidos demuestran la potencialidad que tienen los consorcios de actinobacterias para restaurar suelos de diversas clases texturales contaminados con plaguicidas organoclorados. Además, ponen de manifiesto que la eficiencia de un proceso de biorremediación depende de las características del sistema en estudio, siendo, en el caso del suelo, la textura y las propiedades físico-químicas factores abióticos determinantes.

Palabras Claves: Biorremediación; Suelos; Actinobacterias; Lindano.

1. INTRODUCCIÓN

En el transcurso de los últimos 150 años, el hombre ha participado de una increíble serie de avances tecnológicos, los cuales aportaron beneficios innegables para los seres humanos y mejoraron sus condiciones de vida, principalmente en términos de salud, transporte, medios de comunicación, vivienda y rendimientos agrícolas. Sin embargo, la industrialización global, el uso intensivo de los suelos y el desarrollo urbano continuo, han impulsado a la producción de nuevos materiales y productos químicos, generando una sobreexplotación de los recursos naturales y un consumo de enormes cantidades de energía (Ramos y col., 2011). Como consecuencia, estas actividades condujeron a la liberación de gases de efecto invernadero y de sustancias químicas xenobióticas al ambiente, sin el tratamiento adecuado para eliminar sus efectos nocivos, ocasionando la contaminación de suelos, sedimentos, aire, aguas subterráneas y superficiales (Ramos y col., 2011; Stabili y col., 2017).

Entre estos compuestos de origen antropogénico se incluyen los Contaminantes Orgánicos Persistentes (COPs) (Stabili y col., 2017). Los COPs, tal como los define el Programa de Naciones Unidas para el Medio Ambiente (UNEP, 2009) son "sustancias químicas que persisten en el medio ambiente, se bioacumulan en la cadena alimentaria y suponen un riesgo de causar efectos adversos a la salud humana y al medio ambiente”. Los plaguicidas ocupan un lugar importante dentro de los COPs (Stabili y col., 2017) y constituyen los principales compuestos químicos contaminantes, a los que el hombre está expuesto (Villaamil Lepori y col., 2013). Se han comercializado más de 1000 tipos de plaguicidas con la finalidad de controlar químicamente diferentes plagas en las producciones agrícolas, por la que estos compuestos son ubicuos en el ambiente, donde se generan incluso, mezclas de los mismos (Phillips y col., 2010).

Desde hace algunas décadas, el hombre comenzó a tomar consciencia sobre la problemática que significa la contaminación ambiental. Como consecuencia, empezaron a implementarse acciones con el fin de evitar nuevos problemas de polución. Por ejemplo, se prohibió o restringió la comercialización y/o uso de determinados plaguicidas, sustancias refrigerantes, etc., y se comenzó a investigar los efectos tóxicos de diferentes compuestos orgánicos e inorgánicos utilizados en distintas industrias y en agricultura, los cuales pueden detectarse en sus efluentes y/o desechos (LFRP N°24051, 1993; Vijgen y col., 2011; BOE, 2015; IARC, 2015).

Por estas razones, uno de los principales desafíos de la sociedad actual, es resolver el grave problema ambiental en los sitios que ya han sido contaminados, mediante el desarrollo de tecnologías de remediación ecoamigables, capaces de depurar y restaurar los ecosistemas afectados a causa de la acción antropogénica inapropiada.

1.1. PLAGUICIDAS ORGANOCLORADOS

Los ingredientes activos de los plaguicidas se pueden agrupar de acuerdo a su estructura química en dos grandes grupos: inorgánicos y orgánicos. Los inorgánicos son aquellos que no contienen carbono en su estructura química y provienen de minerales extraídos de la tierra; fueron algunos de los primeros plaguicidas usados por el hombre. Los plaguicidas orgánicos, por el contrario, contienen átomos de carbono en sus moléculas y se han clasificado dentro de grupos o familias que presentan estructuras químicas y modos de acción similares.

Una familia importante de plaguicidas orgánicos son los organoclorados (POs). Diferentes informes estadísticos revelan que el 40% de todos los plaguicidas empleados pertenecen a esta familia química (Gupta, 2004). Estos compuestos orgánicos de síntesis constituyen un grupo heterogéneo de sustancias cuya estructura química corresponde a derivados de hidrocarburos, en los que uno o más átomos de hidrógeno son sustituidos por átomos de cloro, aunque algunos de ellos también contienen otros elementos tales como oxígeno y azufre (Arias Verdes y col., 1990).

Entre las propiedades físico-químicas más importantes de los POs se destacan las siguientes (Arias Verdes y col., 1990):

- Baja solubilidad en agua.
- Alta solubilidad en lípidos y en solventes orgánicos.

- Alta estabilidad frente a la fotooxidación.
- Estabilidad a la humedad, al aire y al calor.
- Baja presión de vapor.
- Elevada resistencia al ataque microbiano.

Todas estas características son las responsables de su eficacia como plaguicidas, toxicidad, persistencia en el ambiente y resistencia a la degradación fotoquímica, química y microbiana (Ruiz Toledo y col., 2018). Generalmente, la persistencia de estos compuestos varía desde moderada, con un tiempo de vida media ($T_{1/2}$) de aproximadamente 60 días, hasta alta, con un tiempo de vida media de hasta 10-15 años (Jayaraj y col., 2016). Entre los más persistentes, podemos encontrar DDT (10 a 15 años), toxafeno (12 años), endrín (10 años), clordano (8 años), dieldrín (7 años), aldrín (5 años), heptacloro (4 años) y lindano (2 años) (Ritter y col., 1995). Por otra parte, la combinación de estas propiedades físico-químicas, les permiten bioacumularse en los tejidos grasos de organismos animales y biomagnificarse en las cadenas tróficas (Shao y Gu, 2016). Debido a su gran capacidad de persistencia y bioacumulación, el Convenio de Estocolmo los ha clasificado como COPs.

A pesar de que la mayoría de los países desarrollados establecieron prohibiciones y restricciones a la utilización de varios POs entre los años 1970 y 1980, algunos países en desarrollo continúan empleándolos debido a su bajo costo y versatilidad en el control de plagas (Kamel y col., 2015; Ruiz Toledo y col., 2018). Por esta razón y debido a su elevada persistencia, diversos estudios realizados a nivel mundial demuestran la presencia de elevados niveles de POs en suelos y ecosistemas acuáticos (Kamel y col., 2015; Pan y col., 2016; Sánchez Osorio, y col., 2017); incluso, algunos de estos compuestos se encontraron en áreas donde nunca fueron aplicados, tales como en las regiones Árticas y Antárticas (Dietz y col., 2004; Zhang y col., 2015). Esto representa una seria amenaza para los seres humanos, los organismos acuáticos y la fauna silvestre, ya que pueden incorporar estos contaminantes por ingestión, respiración y/o contacto con la piel.

Existen evidencias que la exposición humana a estos compuestos tóxicos puede inducir mutagénesis, teratogénesis, trastornos reproductivos, neurotoxicidad, funciones anormales del sistema endocrino, y una reducción en la calidad espermática, capaz de causar infertilidad masculina (Yaduvanshi y col., 2012; Chand y col., 2014; Costa, 2015; Cremonese y col., 2017). Además, se han vinculado los POs con cáncer de hígado, páncreas, mama y próstata, y tumores testiculares de células germinales (Chia y col., 2010; Eldakroory y col., 2016; VoPham y col., 2017). Otros efectos que pueden producir son del tipo cutáneo, caracterizados por reacciones alérgicas y dermatitis (Ferrer, 2003).

1.2. LINDANO

El 1,2,3,4,5,6-hexaclorociclohexano (HCH) es un contaminante antropogénico y ubicuo (Gerber y col., 2016), que identifica colectivamente a ocho isómeros de este compuesto: α (existen dos enantiómeros), β, γ, δ, ε, θ y η (Singh y col., 2000). Cada uno de estos isómeros posee la misma masa y fórmula molecular, pero difiere del otro en la posición axial - ecuatorial de los átomos de cloro en el anillo de ciclohexano (Saez y col., 2017). La mezcla de isómeros se conoce como HCH de grado técnico y presenta la siguiente composición: α-HCH (60-70%), β-HCH (5-12%), γ-HCH (10-12%), δ-HCH (6-10%), ε-HCH (3-4%), y trazas de los otros isómeros (Wacławek y col., 2015). El isómero γ-HCH, también conocido como lindano, es el único que posee propiedades insecticidas, por lo que fue utilizado como plaguicida de amplio espectro en agricultura y en salud pública desde la Segunda Guerra Mundial hasta la década de 1990, antes de que fuera oficialmente prohibido en todo el mundo (Vijgen y col., 2011; Cao y col., 2013).

El lindano se caracteriza por ser un insecticida cíclico, saturado y altamente clorado (Figura 1) (Manickam y col., 2008). Es un compuesto cristalino, incoloro y semivolátil que tiene un peso molecular de 290,9 y un punto de fusión de aproximadamente 113 °C. Debido a su amplio espectro de acción, el lindano ha sido utilizado en todo el mundo para una diversidad de propósitos: en la agricultura para la protección de cultivos, semillas y suelos contra los insectos fitófagos, en salud pública para el control de enfermedades transmitidas por vectores, como la malaria, en lociones y champús para el tratamiento de la escabiosis y pediculosis y en medicina veterinaria para el combate de ectoparásitos de animales (Girish y Mohammad Kunhi, 2013; Zhou y col., 2018).

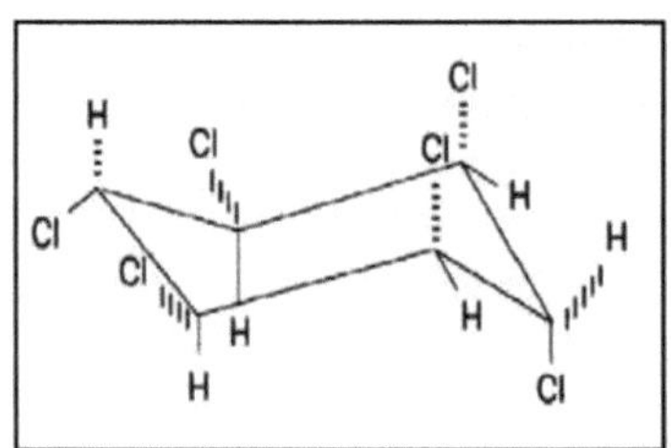

Figura 1. Estructura molecular de lindano.

Como todo plaguicida organoclorado, el lindano causa efectos perjudiciales en los seres humanos (irritación de la piel, mareos, dolores de cabeza, diarrea, náuseas, vómitos) y animales (Domínguez y col., 2018). Es un potente carcinógeno, teratógeno, genotóxico y mutagénico, clasificado por la Organización Mundial de la Salud como "moderadamente peligroso" (Rani y col., 2017), que se comporta como un disruptor endócrino e inmunosupresor, y puede causar daños sobre el sistema nervioso y reproductivo en mamíferos (Abdul Salam y Das, 2013; Zhou y col., 2018). Debido a su liposolubilidad, el lindano se acumula en los tejidos adiposos de los organismos, lo que lleva a su bioacumulación en las cadenas tróficas (Domínguez y col., 2018). Además, no sólo presenta efectos tóxicos en los organismos blanco, sino también en la microbiota y organismos inferiores (Muñiz y col., 2017).

Por estas razones, el lindano fue incorporado a la lista de COPs según el Convenio de Estocolmo, en la Cuarta Reunión de la Conferencia de las Partes, llevada a cabo en mayo de 2009 (Vijgen y col., 2011). Como consecuencia de ello, el uso de lindano fue severamente restringido o prohibido en al menos 52 países (Khan y col., 2017). Sin embargo, algunos países en desarrollo continúan empleándolo por razones económicas y por su eficiencia como plaguicida en agricultura, industria y salud pública (Mishra y col., 2013).

En 1993, el Ministerio de Ambiente y Desarrollo Sustentable de la República Argentina (LFRP N° 24051, 1993), estableció niveles guía de calidad de agua y suelo para una serie de compuestos tóxicos, entre los que se incluyó el lindano. En agua el valor máximo permitido es de 0,01 $\mu g\ L^{-1}$, y en suelo es de 0,01 $mg\ kg^{-1}$. Posteriormente, su uso se prohibió completamente en Sanidad Animal (Resolución 513/98) y en Sanidad Vegetal (Resolución 513/98) (Juárez y Villagra de Gamundi, 2007), mientras que en 2011, la Administración Nacional de Medicamentos, Alimentos y Tecnología Médica, a través de la disposición N° 617/11, suspendió la comercialización y el uso de todos los productos medicinales que contengan lindano como ingrediente farmacéutico activo, en todas sus formas farmacéuticas, concentraciones y presentaciones. Debido a la prohibición total de lindano y sus isómeros, la cual está asentada en el Registro de Químicos Prohibidos y Restringidos en Argentina (2017), se considera la simple presencia de lindano como indicador de contaminación ambiental.

Entre los años 1948 y 1997, se emplearon a nivel mundial aproximadamente 10 millones de toneladas de HCHs (Wacławek y col., 2016). Además, en un gran número de países de Europa, África, Asia y América, se han producido y desechado entre 4 y 7 millones de toneladas de lindano durante las últimas seis décadas (Laquitaine y col., 2016). Por ello, este contaminante está presente aún en suelos, aguas, sedimentos, plantas y animales de todo el planeta. Incluso, se lo encontró en fluidos y tejidos humanos, tales como sangre, líquido amniótico, leche materna y tejido adiposo (Alvarez y col., 2017). Sumado a ello, la baja solubilidad de lindano en agua y su naturaleza clorada, contribuyen a su persistencia y resistencia a la degradación microbiana (Abdul Salam y Das, 2013).

En Argentina, se han encontrado residuos de lindano y de los otros isómeros de HCH en diversos ambientes y organismos (Tabla 1).

Tabla 1. Residuos de lindano y HCHs detectados en Argentina.

Compuesto	Concentración	Muestra	Región	Referencias
Lindano	0,16 - 70,38 $\mu g\ L^{-1}$	Sangre	Buenos Aires	Radomski y col., 1991
Lindano	0,002 - 0,1880 ppm	Manteca	Santa Fé	Lenardón y col., 1994
Lindano	0,858 - 55,000 $ng\ L^{-1}$	Agua	Buenos Aires	Massone y col., 1998
Lindano	2 $mg\ L^{-1}$	Agua	Tucumán	Chaile y col., 1999
Lindano	32,6 - 173,9 $ng\ g^{-1}$	Suelo	Buenos Aires	Miglioranza y col., 2002
HCHs	25,44 $ng\ g^{-1}$	Suelo	Buenos Aires	Miglioranza y col., 2003
Lindano	0,9 - 27,5 $ng\ g^{-1}$	Plantas de tomate	Buenos Aires	González y col., 2003a
Lindano	1,2 - 1,3 $ng\ g^{-1}$	Suelo	Buenos Aires	González y col., 2003a
Lindano	2,5 - 16,8 $ng\ g^{-1}$	Plantas de puerro	Buenos Aires	González y col., 2003b
Lindano	1,3 $ng\ g^{-1}$	Suelo	Buenos Aires	González y col., 2003b
Lindano	0,37 - 1,54 $\mu g\ g^{-1}$	Aves	San Luis	Cid y col., 2007
Lindano	1,9 $\mu g\ g^{-1}$	Suelo	Santiago del Estero	Fuentes y col., 2010
HCHs	4,5 - 149,5 $ng\ g^{-1}$	Suelo	Río Negro	González y col., 2010
Lindano	0,26 - 0,51 $ng\ g^{-1}$	Sedimentos	Buenos Aires	Arias y col., 2011
HCHs	2,9 - 31,8 $ng\ L^{-1}$	Agua	Córdoba	Ballesteros y col., 2014
HCHs	0,4 - 1,3 $ng\ g^{-1}$	Sedimentos	Córdoba	Ballesteros y col., 2014
HCHs	2,0 - 2,8 $ng\ g^{-1}$	Materia suspendida	Córdoba	Ballesteros y col., 2014
HCHs	0,2 – 19,3 $ng\ g^{-1}$	Peces	Córdoba	Ballesteros y col., 2014
Lindano	1,8 - 150,5 $ng\ g^{-1}$	Peces	Río Negro	Ondarza y col., 2014
Lindano	3 - 19 $pg\ m^{-3}$	Aire	Buenos Aires	Tombesi y col., 2014
Lindano	30 - 590 $ng\ L^{-1}$	Sangre	Buenos Aires	Ridolfi y col., 2014
Lindano	0,027 $\mu g\ L^{-1}$	Agua	Buenos Aires	Castañé y col., 2015
Lindano	0,01 - 0,11 $ng\ g^{-1}$	Sedimentos	Chubut	Commendatore y col., 2015
Lindano	0,26 - 0,94 $\mu g\ g^{-1}$	Plumas de aves	Río Negro	Martínez López y col., 2015
Lindano	0,4 - 8,5 $ng\ g^{-1}$	Ballenas	Chubut	Torres y col., 2015
HCHs	0,029 - 0,032 $\mu g\ g^{-1}$	Delfines	Patagonia	Durante y col., 2016
Lindano	0,01 - 0,13 $ng\ g^{-1}$	Suelo	Buenos Aires	Lupi y col., 2016
Lindano	0,52 - 23,91 $ng\ g^{-1}$	Organismos del suelo	Buenos Aires	Lupi y col., 2016
Lindano	0,03 - 0,60 $ng\ L^{-1}$	Agua	Buenos Aires	Lupi y col., 2016
Lindano	26,30 - 42,83 $ng\ g^{-1}$	Materia suspendida	Buenos Aires	Lupi y col., 2016
Lindano	0,010 - 0,160 $ng\ g^{-1}$	Sedimentos	Buenos Aires	Lupi y col., 2016
Lindano	1 - 50 $ng\ g^{-1}$	Peces	Buenos Aires	Silva Barni y col., 2016
Lindano	9 - 18 $ng\ mg^{-1}$	Sedimentos	Litoral	Williman y col., 2017
Lindano	1 - 206 $ng\ L^{-1}$	Agua	Litoral	Williman y col., 2017
Lindano	10 - 589 $\mu g\ kg^{-1}$	Suelos	Salta	Aparicio y col., 2018a

HCHs: Residuos de hexaclorociclohexano sin diferenciar el/los isómero/s.

El destino de lindano en los ambientes contaminados, así como las consecuencias para la salud humana y ambiental, han sido ignorados durante mucho tiempo. Por lo tanto, el tratamiento de esos sitios, ampliamente desconocidos tanto para el público como para la comunidad científica, representa uno de los desafíos más grandes del mundo.

2. BIORREMEDIACIÓN

2.1. GENERALIDADES

En el transcurso de los últimos años, la sociedad tomó conciencia acerca de la amenaza que constituyen los suelos impactados con diversos compuestos químicos, tanto para el ambiente como para la salud humana, por lo que se han desarrollado diferentes tecnologías para remediar los sitios contaminados y mitigar los efectos peligrosos de tales compuestos químicos tóxicos.

En este sentido, un gran número de tratamientos físico-químicos tales como el entierro de suelos contaminados en vertederos certificados, incineración a alta temperatura, oxidación por luz UV, descomposición química catalizada por ácidos o bases, métodos electroquímicos y lavados de suelos, se han aplicado para remover diferentes tipos de compuestos contaminantes a partir de suelos impactados. Si bien todas estas metodologías son muy eficientes en la reducción de los niveles de contaminantes, la mayoría de ellas son costosas, laboriosas, complejas y requieren de ciertos tratamientos que aumentan el riesgo de exposición de los trabajadores, además de no ser siempre respetuosas con el medio ambiente (Chishti y col., 2013).

Por esta razón, se están desarrollando métodos económicos y ecoamigables, que no presenten impacto en el ambiente; para ello, la biotecnología proporciona herramientas o mecanismos exitosos para remediar sitios contaminados. Dentro de esta disciplina, la Biotecnología Ambiental se refiere a la aplicación de la biotecnología para resolver problemas ambientales, naturales y antrópicos, y lograr la conservación de la calidad ambiental, aprovechando organismos vivos debidamente calificados e ingeniería genética para mejorar la eficiencia y el costo de los procesos (Gómez Cruz, 2010). En este sentido, la biorremediación representa una de las estrategias biotecnológicas empleadas para el tratamiento de ambientes contaminados.

La biorremediación se define como el uso de organismos vivos o parte de ellos, para degradar, remover y/o transformar contaminantes ambientales, tanto orgánicos como inorgánicos (Adams y col., 2015). Los principales organismos utilizados para este propósito son bacterias, hongos, algas y plantas, de existencia natural o genéticamente modificados (Marican y Durán Lara, 2017).

Particularmente, la biorremediación de ambientes contaminados empleando microorganismos (biorremediación microbiana) ha sido ampliamente estudiada, generando resultados altamente promisorios (Thapa y col., 2012). Los microorganismos nativos del suelo juegan un papel clave como agentes biogeoquímicos en los procesos de biorremediación, transformando los compuestos orgánicos complejos en compuestos inorgánicos simples, y, en última instancia, en agua y CO_2 u óxidos y sales minerales de otros elementos presentes. Esta degradación completa del contaminante en componentes inorgánicos se denomina mineralización (Adams y col., 2015). En otros casos, la degradación puede ser parcial y conducir a la formación de compuestos orgánicos menos complejos y menos tóxicos que el compuesto parental. De esta manera, el contaminante transformado o degradado es usado por los microorganismos como fuente de carbono, de nitrógeno o como aceptor final de electrones en la cadena respiratoria (Villaverde y col., 2017). Por ello, la biorremediación implica la producción de energía en una reacción rédox dentro de las células microbianas. Estas reacciones incluyen la respiración y otras funciones biológicas necesarias para el mantenimiento y la reproducción de las células (Adams y col., 2015).

La biorremediación es un proceso natural y, por lo tanto, es percibida por el público como una tecnología eco-amigable para el tratamiento del material contaminado

(Marican y Durán Lara, 2017). Las ventajas y desventajas de esta tecnología se presentan en la Tabla 2.

Tabla 2. Ventajas y desventajas de la biorremediación. Fuente: Niti y col. (2013).

Ventajas	Desventajas
Es una tecnología simple.	Requiere largos tiempos de tratamientos.
Tiene bajos costos.	Resulta necesario verificar la toxicidad de los intermediarios y/o productos.
Beneficiosa para el ambiente.	No puede emplearse si el tipo de suelo no favorece el crecimiento microbiano.
Se emplea para tratar una gran variedad de contaminantes.	Necesita supervisión durante el proceso.
Se puede alcanzar la mineralización del tóxico.	Algunos compuestos no son susceptibles de la degradación rápida y completa.
Se requiere mínimo o ningún tratamiento posterior.	
Puede llevarse a cabo en el sitio contaminado.	

2.2. FACTORES QUE AFECTAN EL PROCESO DE BIORREMEDIACIÓN

En todo proceso de biorremediación, la efectividad está sujeta a varios factores que interactúan de forma compleja, dependiendo de las características del ambiente, del contaminante y de los microorganismos. Estos factores físico-químicos, ambientales y biológicos son determinantes para decidir qué tecnología de tratamiento debe aplicarse para remediar un tipo de contaminación en particular.

La estructura química del contaminante (ramificaciones, sustituyentes, longitud de la cadena, peso molecular) determina sus propiedades físicas y químicas, y por lo tanto la biodegradabilidad del mismo.

Para que la biodegradación se lleve a cabo, el contaminante debe ser accesible al organismo. La inaccesibilidad de un compuesto puede ser debida a su adsorción a las partículas del suelo o a su baja solubilidad en agua (Adams y col., 2015). Por lo general, al aumentar la solubilidad del compuesto, la disponibilidad para los microorganismos también aumenta (Volke Sepúlveda, 2002). Por otra parte, la concentración de los contaminantes influye directamente en la actividad microbiana: concentraciones iniciales elevadas podrían ejercer un efecto tóxico sobre los microorganismos al generar cambios en la estructura y función de la membrana celular, o producir la inhibición de ciertas actividades enzimáticas, mientras que una baja concentración puede también representar problemas, ya que la fuente de carbono y energía para su crecimiento puede ser insuficiente, siempre que el contaminante se use para tal fin (Adams y col., 2015).

Los factores ambientales, tales como la disponibilidad de nutrientes, la humedad, el pH, la temperatura y la textura del suelo, pueden afectar tanto la disponibilidad y movilidad de los contaminantes, como así también el crecimiento y actividad de los microorganismos utilizados en biorremediación (Polti y col., 2014; Fuentes y col., 2017).

Todos los microorganismos requieren agua y nutrientes para su crecimiento y sus funciones celulares. Normalmente, los nutrientes están presentes en los suelos en concentraciones adecuadas para el crecimiento microbiano, pero se pueden agregar en formas fácilmente asimilables (glucosa, ácidos orgánicos), como fertilizantes o mediante una enmienda orgánica para estimular el proceso de remoción de los contaminantes. La disponibilidad de agua afecta la difusión de nutrientes desde y hacia las células microbianas; sin embargo, un exceso de agua reduce la difusión del O_2 y afecta al metabolismo aeróbico, el cual provee la energía necesaria para la degradación de los contaminantes (Niti y col., 2013). De manera similar, el pH tiene gran importancia ya que afecta la movilidad y disponibilidad de los nutrientes y de los contaminantes, así como también el crecimiento microbiano. La temperatura determina la remoción de los compuestos al controlar la velocidad de las reacciones enzimáticas, y en general, un aumento de la misma provoca un incremento en la eficiencia de remoción (Adams y col., 2015).

La disponibilidad y remoción de los contaminantes también depende de las características y textura del suelo, ya que afectan directamente la entrada efectiva de aire, agua y nutrientes. Los suelos con elevado contenido de arcilla y materia orgánica pueden adsorber fuertemente a los contaminantes hidrofóbicos, disminuyendo su disponibilidad y transporte a las células microbianas, mientras que en los suelos con bajo contenido de materia orgánica los contaminantes se encuentran más biodisponibles pero pueden estar sometidos a procesos de lixiviación (Fuentes y col., 2017).

Los factores biológicos que modifican un proceso de biorremediación incluyen la presencia de organismos con rutas metabólicas capaces de degradar los compuestos tóxicos, y la aclimatación e inducción de enzimas que catalicen las reacciones necesarias en las poblaciones microbianas (Niti y col., 2013). Un factor primordial en el proceso de biorremediación es la densidad de microorganismos en el suelo. Por ejemplo, para el tratamiento de suelos contaminados con hidrocarburos, se ha logrado estimar que la cantidad suficiente de microorganismos degradadores específicos para efectuar en buenas condiciones un proceso de biodegradación es de 10^3 a 10^4 UFC g^{-1} de suelo, mientras que, de heterótrofos totales, es de 10^5 a 10^6 UFC g^{-1} de suelo, capaces de metabolizar y mineralizar el contaminante a CO_2 y H_2O (Gómez Romero y col., 2008). Para la degradación de los contaminantes, es necesario que éstos y los microorganismos estén en contacto, lo cual no siempre es fácil de lograr, ya que en general, ninguno de ellos está distribuido uniformemente en el suelo (Chowdhury y col., 2008).

2.3. ESTRATEGIAS DE BIORREMEDIACIÓN

La amplia variedad de procesos de descontaminación que involucran la biorremediación microbiana pueden agruparse básicamente en tres tipos: atenuación natural, bioestimulación y bioaumentación (Marican y Durán Lara, 2015).

- ✓ *Atenuación natural:* consiste en la degradación de los contaminantes por microorganismos nativos presentes en el suelo sin introducir modificaciones al mismo.
- ✓ *Bioestimulación:* implica la adición de nutrientes, fuentes de carbono, compuestos donadores de electrones, oxígeno o agentes tensioactivos a los suelos para mejorar el crecimiento microbiano y acelerar la biodegradación por los microorganismos nativos adaptados.
- ✓ *Bioaumentación:* requiere la inoculación de los suelos con cepas individuales o consorcios microbianos con las capacidades catalíticas deseadas para degradar los contaminantes de interés a una velocidad más rápida.

2.4. BIOAUMENTACIÓN

En muchos casos, cuando la toxicidad del contaminante es demasiado alta para los microorganismos autóctonos del suelo o cuando la microbiota natural es insuficiente en número o capacidad para degradar los xenobióticos involucrados, la inoculación del suelo con determinados cultivos microbianos proporciona ciertas ventajas respecto a la bioestimulación de la población indígena (Salam y col., 2015). Esta tecnología, conocida con el nombre de bioaumentación, consiste en la inoculación de cepas individuales o consorcios microbianos, ya sean autóctonos o no, con las capacidades catalíticas necesarias para degradar los contaminantes de interés (Garg y col., 2016). De esta forma, la adición de cultivos puros o mixtos que actúen sobre el contaminante, complementa las deficiencias metabólicas de las poblaciones microbianas autóctonas, logrando el tratamiento más rápido del sitio contaminado (Adams y col., 2015).

El tamaño del inóculo a utilizar depende de la extensión de la zona contaminada, de la dispersión del compuesto y de la velocidad de crecimiento de los microorganismos degradadores (Volke Sepúlveda, 2002). Por esta razón, la principal desventaja de esta tecnología reside en que los microorganismos introducidos no siempre pueden competir con la población indígena por nutrientes, energía y espacio, para mantener los niveles de población útiles, ni adaptarse a las condiciones de campo. Estos factores determinan que la eficiencia de la bioaumentación microbiana no siempre resulte óptima (Garbisu y col., 2017).

3. ACTINOBACTERIAS

3.1. CARACTERÍSTICAS GENERALES

El *phylum* Actinobacteria constituye una de las principales y más diversas unidades taxonómicas dentro del dominio Bacteria, teniendo en cuenta su posición de ramificación en el árbol del gen ARNr *16S*. El grupo abarca, hasta la fecha, 6 clases, 19 órdenes, 50 familias y 221 géneros, aunque continuamente se siguen descubriendo nuevos taxones (Whitman y col., 2012).

Las actinobacterias son microorganismos aerobios o anaerobios facultativos, Gram-positivos o Gram-variables, con una pared celular rígida que contiene ácido murámico. La mayoría de ellas son quimio-organotróficas y los miembros de vida libre del *phylum* fueron universalmente reconocidos como organismos con elevado contenido en G+C. Sin embargo, este paradigma se rompió hace relativamente poco tiempo, ya que las actinobacterias de agua dulce, cosmopolitas y abundantes, tienen bajo contenido de G+C en sus genomas (Ghai y col., 2012).

El *phylum* Actinobacteria incluye organismos fenotípicamente diversos que exhiben una amplia variedad de morfologías que van desde células cocoides (por ejemplo, las pertenecientes al género *Micrococcus*) o coco-bacilares (*Arthrobacter*) hasta hifas fragmentadas (*Nocardia*) o micelio permanente, altamente diferenciado y ramificado (*Streptomyces*), productores de esporas, las cuales podrían ser ventajosas para su dispersión a larga distancia (Whitman y col., 2012). Además, exhiben diversas propiedades fisiológicas y metabólicas, entre las que se destacan la producción de enzimas extracelulares y una amplia variedad de metabolitos secundarios (antibióticos, antivirales, antitumorales, fitotoxinas, biosurfactantes, inmunosupresores) y otros compuestos de interés industrial que sintetizan y liberan al medio (Whitman y col., 2012). Es importante destacar que el 45% de todos los metabolitos secundarios bioactivos microbianos son producidos por actinobacterias, y de ellos, un 80% son producidos por bacterias del género *Streptomyces* (Berdy, 2005). Además, muchas actinobacterias del género *Bifidobacterium* se utilizan como ingredientes activos en una variedad de alimentos funcionales, debido a sus propiedades promotoras de la salud, tales como la capacidad de adherirse al epitelio intestinal, de hidrolizar sales biliares y de modular la respuesta inmune, entre otras (Ventura y col., 2007).

Las actinobacterias constituyen el componente fundamental de la microbiota del suelo, donde juegan un importante rol ecológico en el reciclaje de sustancias. Estos microorganismos tienen ciertas propiedades únicas relacionadas con su gran capacidad para sobrevivir y crecer en este hábitat. En primer lugar, son bacterias productoras de enzimas extracelulares que degradan las macromoléculas complejas como los ácidos húmicos presentes en el suelo (Kieser y col., 2000). Por otro lado, su capacidad de resistencia a la desecación ha demostrado ser un importante factor para su supervivencia en suelos extremadamente secos (Ensign, 1990).

Además, existen géneros que tienen hábitats acuáticos, como por ejemplo sedimentos de ríos y lagos, bancos de vegetación flotante, zonas costeras, cuerpos de agua y otros ambientes extremos (Okoro y col., 2009; Sibanda y col., 2010; Dastager y col., 2012; Jiang y col., 2012; Zhang y col., 2013; Ray y col., 2014).

Como muchos otros microorganismos del suelo, las actinobacterias tienen un crecimiento óptimo mesofílico entre 25 y 30 °C, aunque también pueden encontrarse algunos representantes termotolerantes y termofílicos, como ciertas especies de *Thermomonospora* y *Thermoactinomyces*. En general, desarrollan sus actividades en el suelo a un pH comprendido entre 5 y 9, con un óptimo cercano al neutro (Vobis y Chaia, 1998). En el suelo, se las encuentra generalmente en forma de esporas latentes y desarrollan su micelio solamente cuando las condiciones ambientales, como por ejemplo la oferta de nutrientes, humedad, temperatura o interacciones fisiológicas con otros microorganismos, son favorables (Vobis, 1992).

Se pueden encontrar varios estilos de vida diferentes entre las actinobacterias, incluyendo microorganismos patógenos (*Mycobacterium* sp., *Nocardia* sp., *Tropheryma* sp., *Corynebacterium* sp. y *Propionibacterium* sp.), habitantes del suelo (*Streptomyces* sp.), comensales vegetales (*Leifsonia* sp.), simbiontes fijadores de N_2 (*Frankia* sp.) y habitantes del tracto gastrointestinal (*Bifidobacterium* sp.). Algunas corinebacterias y micobacterias son miembros importantes de la microbiota de la piel humana, y ciertas especies del género *Actinomyces* son consideradas habitantes normales del tejido gingival de la boca (Ensign y col., 1990).

Dentro de sus características particulares, presentan un olor típico a tierra húmeda, asociado a la producción de un metabolito llamado geosmina. Adicionalmente, pueden producir terpenoides y pigmentos (Ezziyyani y col., 2004).

Cuando crecen en medios de cultivo sólidos, las actinobacterias forman, en general, colonias compactas constituidas por micelio, es decir, por una masa de hifas, diferenciándose en micelio aéreo y micelio de sustrato (Figura 2).

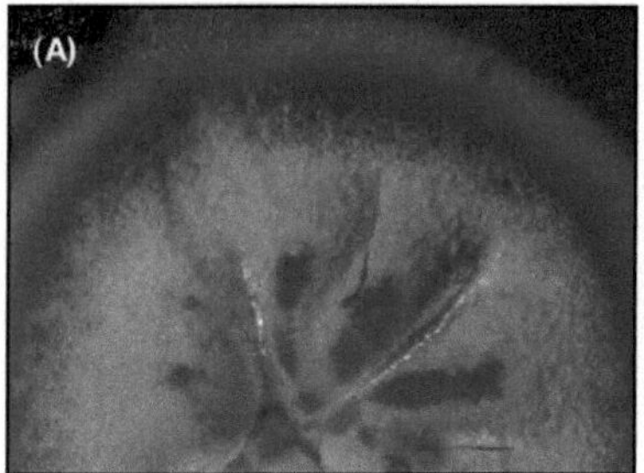

Figura 2. (A) Micelio aéreo de actinobacterias observado en lupa (4X); (B) Micelio de sustrato de actinobacterias observado en microscopio óptico (20X). Fuente: Polti y col. (2006).

Las colonias de las actinobacterias pueden ser elevadas o planas; su consistencia varía desde muy blandas y pastosas a extremadamente duras. El espectro de colores que presentan incluye blanco, amarillo, naranja, rosa, rojo, púrpura, azul, verde, marrón. La superficie puede ser lisa, con surcos, arrugada, granulosa o escamosa. El aspecto puede ser completamente compacto o bien presentar diferentes zonas de crecimiento en anillos concéntricos de orientación radial, o una combinación de ambos. El tamaño de las colonias depende de la especie, la edad y las condiciones del cultivo y puede variar desde un milímetro hasta unos centímetros de diámetro (Vobis, 1997).

3.2. EL GÉNERO *STREPTOMYCES*

Dentro del *phyllum* Actinobacteria, se destaca el género *Streptomyces*, miembro de la familia *Streptomycetaceae* (Anderson y Wellington, 2001). Las especies de este género son ubicuas en la naturaleza y están muy difundidas en ambientes tales como suelo, atmósfera y cursos de agua (mares y ríos). Sin embargo, el hábitat más importante de estos microorganismos es el suelo y la frecuencia de sus aislamientos es mucho más elevada en comparación con la de otras bacterias. Además, los miembros de este género presentan una sorprendente variedad de características morfológicas, culturales, fisiológicas y bioquímicas (Kudo, 1997).

Los microorganismos del género *Streptomyces* forman un micelio vegetativo o de sustrato muy desarrollado, ramificado y raramente fragmentado, con hifas de 0,5 - 2,0 µm de diámetro, que producen colonias compactas y convolutas. A medida que transcurre la edad de la colonia, se forma el característico micelio aéreo ramificado, con hifas llamadas esporóforos, de las cuales nacen esporas no móviles. Los esporóforos normalmente llevan largas cadenas de esporas (más de 50), aunque algunas especies tienen cadenas relativamente cortas (menos de 10 esporas). Las esporas y los filamentos aéreos son generalmente pigmentados y contribuyen al característico color de la colonia madura. Además, el micelio de sustrato también produce pigmentos difusibles que caracterizan al reverso de las colonias en medios sólidos (Locci, 1989) (Figura 3).

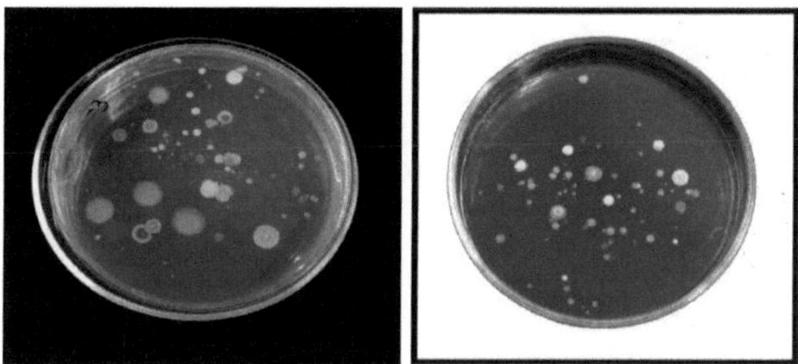

Figura 3. Colonias de *Streptomyces*. Fuente: Benimeli (2004).

La producción de potentes antibióticos y agentes antitumorales es un rasgo que ha convertido a algunas especies del género *Streptomyces* en los principales organismos productores explotados por la industria farmacéutica (Chaudhary y col., 2013).

Además, las cepas de *Streptomyces* pueden ser muy adecuadas para su inoculación en suelos, como consecuencia de su crecimiento micelial, las tasas de crecimiento relativamente rápido, la colonización de sustratos semi-selectivos, y su capacidad de ser manipuladas genéticamente (Shelton y col., 1996). Una ventaja adicional es que la masa de hifas vegetativas de estos microorganismos puede diferenciarse en esporas que ayudan en la propagación y persistencia; además, les permiten a las actinobacterias sobrevivir en el suelo durante largos períodos y resistir bajas concentraciones de nutrientes y disponibilidad de agua (Karagouni y col., 1993).

Numerosos estudios llevados a cabo en el Laboratorio de Biotecnología de Actinobacterias de PROIMI, han demostrado que una gran cantidad de cepas de *Streptomyces*, aisladas de sitios contaminados encontrados en provincias del noroeste de la República Argentina, son capaces de degradar diferentes POs (Benimeli y col., 2003; Cuozzo y col., 2009; Fuentes y col., 2010; 2011; 2017; Alvarez y col., 2012; Saez y col., 2012; Polti y col., 2014; Briceño y col., 2018) y producir surfactantes que aumentan la biodisponibilidad de los compuestos tóxicos (Colin y col., 2016). Estos resultados sustentan la aplicación de las bacterias pertenecientes al género *Streptomyces*, como agentes potenciales para la biorremediación de ambientes contaminados con diferentes POs (Shelton y col., 1996). Entre las cepas estudiadas se destacan *Streptomyces* sp. M7, *Streptomyces* sp. A2, *Streptomyces* sp. A5 y *Streptomyces* sp. A11, las cuales demostraron una alta capacidad para crecer en presencia de lindano, clordano y metoxicloro, y para removerlos del medio de cultivo, utilizándolos como fuente de carbono y energía (Fuentes y col., 2010).

4. CONSORCIOS MICROBIANOS: SU APLICACIÓN EN PROCESOS DE BIORREMEDIACIÓN

En los entornos naturales, muchas especies de microorganismos integran consorcios microbianos, los cuales están formados por poblaciones múltiples que coexisten e interactúan entre sí mediante procesos químicos y fisiológicos complejos que permiten la supervivencia de la comunidad (Polti y col., 2014).

Un consorcio microbiano es una asociación de dos o más poblaciones microbianas, que interactúan para su mutuo beneficio dentro de una comunidad que funciona conjuntamente en un sistema complejo, en la cual todos se ven favorecidos de las actividades de los demás. Esta asociación sinérgica o sintrófica permite que el crecimiento y el flujo de nutrientes se realicen de manera más efectiva que en las poblaciones individuales (Hero y col., 2017). Por estas razones, un consorcio microbiano puede realizar funciones complejas que requieren varios pasos al combinar las especialidades catalíticas de diferentes especies, las cuales no podrían ser llevadas a cabo por poblaciones individuales, cuyas vías metabólicas son limitadas.

Existe evidencia que demuestra que los consorcios son más eficientes que los cultivos microbianos puros para los procesos de biorremediación y para prevenir la acumulación de compuestos tóxicos derivados de la degradación microbiana (Yang y col., 2010). La razón de este fenómeno es que los consorcios microbianos combinan las actividades catalíticas de diferentes especies o cepas, aumentando las vías metabólicas disponibles necesarias para metabolizar diversos sustratos xenobióticos, como por ejemplo los plaguicidas (Polti y col., 2014). Incluso, los metabolitos de degradación producidos por una cepa podrían ser transformados por otros miembros del consorcio (Perruchón y col., 2017). Aunque se conoce que hay ciertos microorganismos capaces de degradar completamente un contaminante orgánico específico, las especies individuales generalmente no contienen la ruta de degradación completa para los xenobióticos (Gerhardt y col., 2009). Además, la supervivencia de los microorganismos en el medio ambiente puede mejorarse gracias a la diversidad microbiana del consorcio (Siripattanakul y col., 2009). Los consorcios tienen una ventaja sobre el total de la población microbiana presente en el ambiente contaminado, ya que pueden degradar el compuesto de interés en forma más eficiente, al no presentar competencia entre sus miembros ni generar metabolitos que los inhiban entre sí (Pino y col., 2011).

Los consorcios microbianos se aíslan generalmente de zonas altamente contaminadas, donde los microorganismos han sido expuestos a condiciones extremas que les permiten tolerar y degradar altas concentraciones de sustancias tóxicas (Pino y col., 2011). Tal presión de selección, posiblemente, sea la responsable de permitir a los microorganismos constituyentes de un consorcio evolucionar sintetizando enzimas capaces de actuar sobre un contaminante dado (Carrillo Pérez y col., 2004).

Los consorcios microbianos utilizados en biorremediación pueden ser definidos o no. Los consorcios definidos están constituidos por una combinación de cepas previamente aisladas, con capacidades degradativas conocidas, mientras que los consorcios no definidos resultan de procesos directos de enriquecimiento a partir de muestras ambientales con historia previa de contaminación (Dejonghe y col., 2003; Auffret y col., 2015; Fuentes y col., 2016). El uso de consorcios definidos es ventajoso ya que permite el estudio de las características generales de todos sus miembros y el seguimiento de su dinámica, lo cual es importante para explicar el papel in situ de los microorganismos implicados en la degradación de sustratos complejos y su influencia en la comunidad (Siripattanakul y col., 2009). Sin embargo, la desventaja de tales consorcios es que, en algunos casos, las cepas previamente aisladas tienen dificultades para sobrevivir en entornos diferentes a los de su origen. Además, seleccionar el mejor consorcio definido generalmente implica un gran trabajo debido a las numerosas combinaciones de cultivos puros que se deben realizar para obtener la combinación que permita la máxima degradación del contaminante (Alvarez y col., 2012).

En un estudio previo llevado a cabo en el Laboratorio de Biotecnología de Actinobacterias de PROIMI, Fuentes (2012) estudió la degradación de lindano, clordano y metoxicloro por consorcios definidos y constituidos por diferentes actinobacterias, observando que la remoción de lindano fue mayor al emplear el consorcio formado por *Streptomyces* sp. A2-A5-A11-M7, en comparación a las obtenidas al utilizar cultivos puros de estas cepas. Con respecto al metoxicloro, se observó una remoción total del mismo al emplear el consorcio formado por *Streptomyces* sp. A12-A14-M7-A3, mientras que para el caso del clordano, se observaron elevados porcentajes de remoción al emplear diferentes consorcios definidos. Estos resultados demostraron la eficiencia que presentan diversos consorcios integrados por actinobacterias para la biodegradación de plaguicidas organoclorados.

5. EVALUACIÓN DE LA BIORREMEDIACIÓN DE SUELOS DE DIFERENTES TEXTURAS CONTAMINADOS CON LINDANO, EMPLEANDO UN CONSORCIO DEFINIDO DE ACTINOBACTERIAS AUTÓCTONAS

La aplicación de lindano por más de medio siglo, permitió su ingreso y acumulación en diversas matrices ambientales, especialmente en diferentes tipos de suelos (Aparicio y col., 2018a). Debido al efecto tóxico de lindano, comprobado tanto para la vida humana, animal y vegetal, como para la microbiota del suelo y para otros organismos inferiores (Muñiz y col., 2017), resulta fundamental el desarrollo de biosistemas capaces de degradar dicho xenobiótico, el estudio de su efecto y persistencia en los suelos, y del comportamiento de los microorganismos degradadores.

Para alcanzar este objetivo, se realizan estudios de biorremediación en microcosmos de suelo a nivel de laboratorio, los cuales permiten seleccionar microorganismos adecuados que puedan sobrevivir la mayor cantidad de tiempo cuando son introducidos en sitios contaminados, y además que posean una alta actividad catabólica para degradar los contaminantes. A su vez, los estudios de laboratorio, permiten la manipulación de diversos factores ambientales y condiciones de crecimiento que podrían favorecer la actividad óptima de degradación microbiana, facilitando así la biodegradación y biorremediación efectiva de suelos contaminados. Los resultados obtenidos de estos estudios son útiles para diseñar nuevas estrategias de biorremediación que sean necesarias para recuperar suelos contaminados a nivel de campo (Salam y col., 2015).

Debido a lo anteriormente expuesto, se determinó la capacidad de un consorcio definido integrado por *Streptomyces* sp. A2-A5-A11-M7 para remover lindano en microcosmos formulados con suelos no estériles de diferentes texturas. Este consorcio fue seleccionado previamente en base a la ausencia de antagonismo entre las cepas y a su eficiencia para remover y declorinar lindano (γ-HCH) (Fuentes y col., 2011). En la Figura 4 se observan los cuatro microorganismos integrantes del consorcio cultivados en medio caseína almidón agar (CAA).

La cepa *Streptomyces* sp. M7 fue aislada a partir de muestras de sedimentos de un canal de drenaje de una planta de filtro para la obtención de cobre, ubicado en la Provincia de Tucumán, contaminados con plaguicidas organoclorados (POs) y metales pesados. Este microorganismo es capaz de crecer en presencia de diferentes POs como única fuente de carbono (Benimeli y col., 2003).

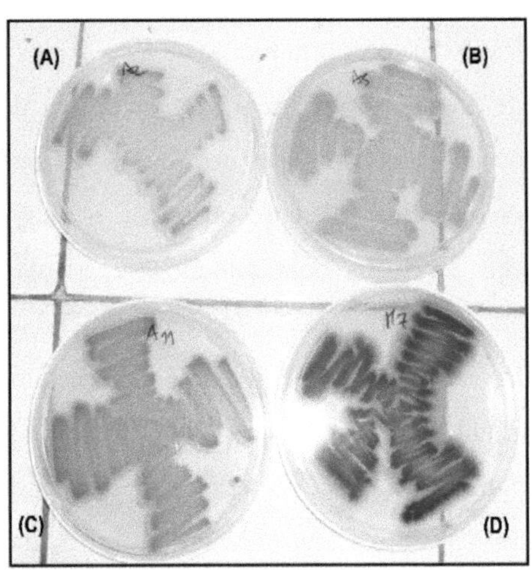

Figura 4. Cultivos de *Streptomyces* sp. sembrados en medio CAA. (A) A2; (B) A5; (C) A11; (D) M7.

Las cepas *Streptomyces* sp. A2, A5 y A11 fueron aisladas por Fuentes y col. (2010) a partir de muestras de suelo contaminado con POs. Dichas muestras fueron colectadas en la provincia de Santiago del Estero, en un sitio que contenía el depósito ilegal de POs más importante del país, con más de 30 toneladas de compuestos organoclorados (Barra y col., 2006). Dicho depósito provocó la contaminación del suelo, agua y aire de ese lugar; además, entre los diferentes plaguicidas detectados en dichas muestras, el lindano fue uno de los contaminantes predominantes.

Para los ensayos de biorremediación, se tomaron muestras de suelos de diversas regiones de la provincia de Tucumán (Argentina), libres de contaminación con POs, los cuales presentaron diferentes texturas. Las muestras de suelo se obtuvieron a una profundidad entre 5 y 15 cm; la parte superficial del suelo se liberó de la cobertura vegetal y se quitaron los primeros 5 cm. Los suelos colectados se conservaron en recipientes plásticos al resguardo de la luz y de la humedad y se analizaron para determinar sus propiedades físico-químicas (Tabla 3).

Tabla 3. Parámetros físico-químicos de los suelos utilizados para los ensayos de biorremediación.

Parámetros	Suelo #1	Suelo #2	Suelo #3
pH [a]	7,6	7,3	6,2
Carbono orgánico (%) [b]	0,80	0,61	0,58
Materia orgánica oxidable (%) [b]	1,30	1,05	1,00
Fósforo disponible (ppm) [c]	21,6	37,4	19,3
Nitrógeno total (%) [d]	0,10	0,07	0,04
Arcilla (%) [e]	14,3	62,5	2,5
Limo (%) [e]	59,8	13,8	4,0
Arena (%) [e]	25,9	23,7	93,5
Clase Textural [e]	Franco Limoso (SFL)	Arcilloso (SArc)	Arenoso (SAre)

a: suelo en agua destilada 1:2,5.
b: método de Walkley Black.
c: método de Bray Kurtz.
d: método de Kjeldahl.
e: método del hidrómetro de Bouyucos.

El suelo acondicionado se dispuso en frascos de vidrio, en fracciones de 40 g cada uno y se ajustó la humedad al 20% con agua destilada. Luego se contaminaron artificialmente con lindano (concentración: 2 mg kg^{-1}) y se inocularon con el consorcio de actinobacterias formado por *Streptomyces* sp. A2, A5, A11 y M7 (concentración: 2 g kg^{-1}) (Figura 5). Los microcosmos se mezclaron vigorosamente para lograr la homogeneidad del sistema y se incubaron a 30 ºC durante 14 días. El procedimiento se llevó a cabo por triplicado con sus respectivos controles: microcosmos sin bioaumentar y sin contaminar (suelos naturales) y microcosmos contaminados sin bioaumentar. Los frascos se abrieron tres veces por semana en condiciones de esterilidad, con el objeto de mezclar el suelo para permitir el intercambio de oxígeno y ajustar la humedad por diferencia de pesadas.

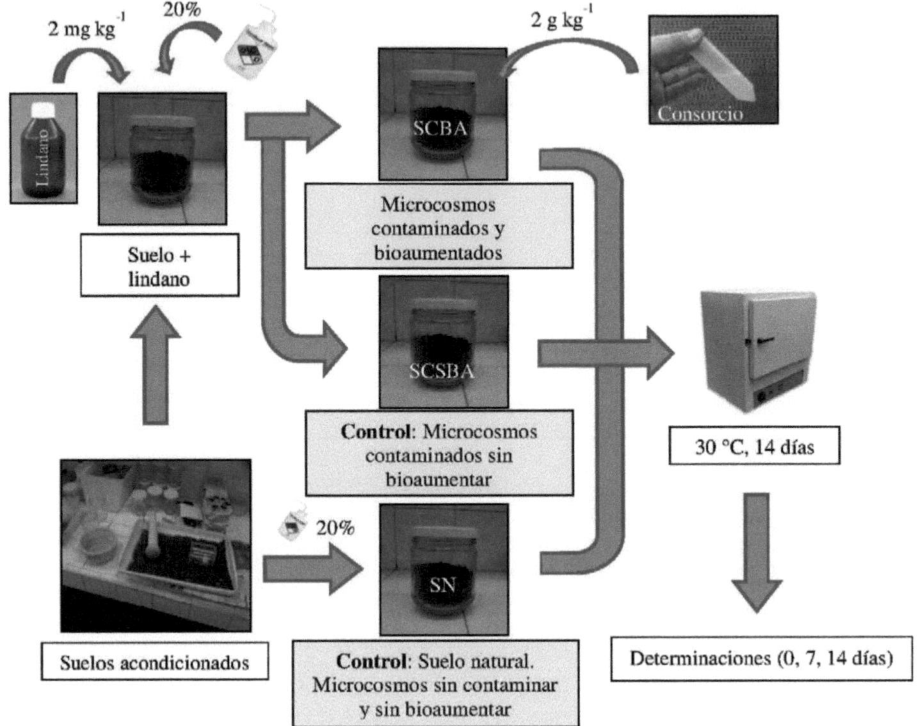

Figura 5. Formulación de microcosmos para ensayos de biorremediación.

A los 0, 7 y 14 días de incubación, se tomaron muestras de los microcosmos de suelo (por triplicado), las cuales se usaron para determinar los microorganismos heterótrofos totales, la concentración residual de lindano y las actividades enzimáticas. Además, se evaluó la supervivencia de las cepas de actinobacterias inoculadas, al final del ensayo.

5.1. MICROORGANISMOS HETERÓTROFOS TOTALES

La cuantificación de las poblaciones microbianas heterótrofas (UFC g^{-1} de suelo), durante los 14 días de incubación, permite evaluar el comportamiento de los microorganismos inoculados y nativos del suelo.

En cada tipo de suelo, tanto para los microcosmos contaminados y bioaumentados con el consorcio, como para sus respectivos controles, suelo natural y suelo contaminado sin bioaumentar, los recuentos microbianos presentaron diferencias estadísticamente significativas entre los valores obtenidos en el día 0 y en el día 14 ($p < 0,05$) (Figura 6).

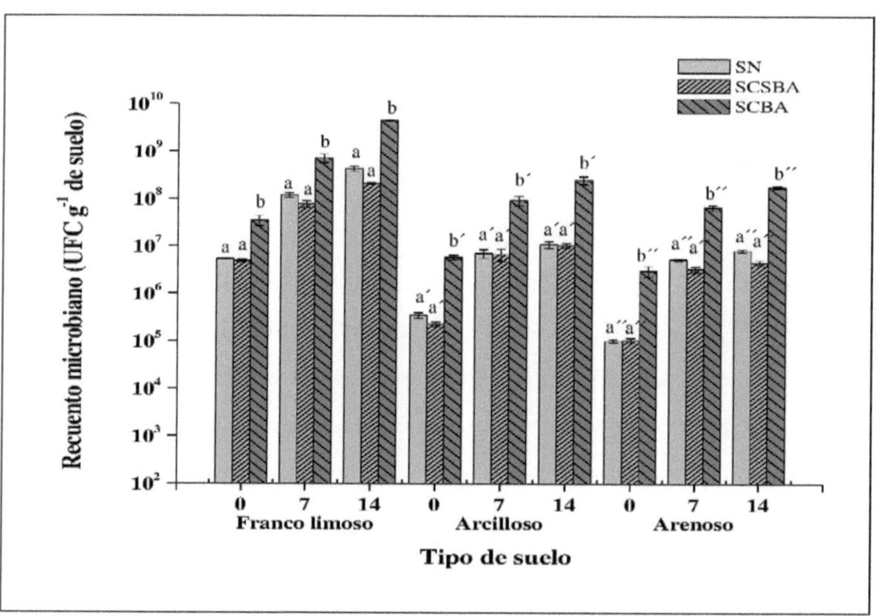

Figura 6. Recuento de microorganismos heterótrofos totales en microcosmos de suelos franco limoso, arcilloso y arenoso. 0, 7 y 14: Tiempo de incubación en días. SN: Suelo natural; SCSBA: Suelo contaminado sin bioaumentar; SCBA: Suelo contaminado y bioaumentado. Letras diferentes indican diferencias significativas entre los suelos bioaumentados y sus respectivos controles sin bioaumentar ($p < 0,05$).

Además, en los microcosmos contaminados y bioaumentados de los tres tipos de suelos, los recuentos microbianos fueron significativamente mayores que los obtenidos en los controles contaminados sin bioaumentar y en los controles naturales, durante todo el período de incubación ($p < 0,05$). Los dos controles realizados en los tres suelos en estudio no presentaron diferencias estadísticamente significativas en los valores de UFC g^{-1} ($p > 0,05$). Este resultado sugiere que la microbiota de cada suelo ensayado sería capaz de tolerar la presencia del plaguicida, sin presentar variaciones considerables en su densidad poblacional. Esto es importante, ya que diversos trabajos demuestran que ciertas sustancias xenobióticas pueden alterar las poblaciones microbianas indígenas de los suelos contaminados (Castro Mancilla y col., 2013). Al igual que en este estudio, Saez y col. (2018) no detectaron diferencias significativas entre los recuentos microbianos de biomezclas contaminadas con una concentración final de lindano de 100 mg kg^{-1} y biomezclas sin contaminar, a los 86 días de incubación.

Al final del ensayo, los mayores recuentos microbianos se obtuvieron en los microcosmos de suelo franco limoso (SFL), en todas las condiciones evaluadas. Así, por ejemplo, en SFL contaminado y bioaumentado el valor alcanzado fue de $(4,46 \pm 0,20) \times 10^9$ UFC g^{-1}, es decir, un orden de magnitud superior a los valores obtenidos en los microcosmos de suelo arcilloso (SArc) y arenoso (SAre) [$(2,49 \pm 0,45) \times 10^8$ y $(1,79 \pm 0,11) \times 10^8$ UFC g^{-1}, respectivamente]. Los mayores valores de UFC g^{-1} obtenidos en los microcosmos formulados con SFL, son coincidentes con las características físico-químicas más favorables de este tipo de suelo, el cual presenta mayor contenido de carbono orgánico, materia orgánica oxidable y nitrógeno total (Tabla 3), además de poseer una mayor densidad microbiana inicial respecto a los otros suelos.

Por otro lado, el hecho de encontrar mayores recuentos microbianos en los suelos bioaumentados con el consorcio cuádruple en estudio, indicaría la presencia de células viables de tales microorganismos, a los 14 días de incubación. Este hallazgo podría atribuirse a la capacidad de las cuatro cepas de *Streptomyces* integrantes del consorcio, para aclimatarse y crecer en suelos de diferentes texturas y tolerar la concentración de lindano evaluada. Esto no es sorprendente, ya que las actinobacterias empleadas se aislaron de ambientes contaminados con plaguicidas organoclorados, por lo tanto, podrían proliferar en diferentes matrices en presencia o ausencia de lindano, compitiendo con las comunidades microbianas nativas. En trabajos previos, ya se demostró la capacidad de estas actinobacterias para crecer y proliferar en suelos estériles, contaminados y sin contaminar con lindano (Benimeli y col., 2008; Fuentes y col., 2011; Fuentes y col., 2017). En particular, Fuentes y col. (2017), observaron que este consorcio microbiano es capaz de crecer en suelos estériles de diferentes texturas (franco arcillo limoso, arenoso y franco), en presencia y ausencia de una mezcla de plaguicidas organoclorados, compuesta por lindano, clordano y metoxicloro.

Diferentes investigadores informaron resultados similares. Por ejemplo, Salam y col. (2015) llevaron a cabo la biorremediación de carbazol en microcosmos de suelos bioaumentados y sin bioaumentar, y observaron la densidad poblacional más baja en los suelos sin inocular, a los 30 días de incubación. De la misma manera, Silva y col. (2015) detectaron mayores recuentos microbianos en suelos inoculados con *Arthrobacter aurescens* TC1, cuando compararon el número de bacterias cultivables totales entre microcosmos de suelos inoculados y sin inocular, durante experimentos de biorremediación.

5.2. REMOCIÓN DE LINDANO

Una herramienta útil para evaluar la remoción de lindano en los diferentes tipos de suelos, es determinar la concentración residual del plaguicida mediante cromatografía gaseosa.

En todos los suelos contaminados, se observó remoción de lindano durante los 14 días que duró el ensayo; sin embargo, la disipación del plaguicida no se produjo de la misma manera, ni a la misma velocidad (Figura 7). En los sistemas formulados con SFL, se observaron remociones finales del plaguicida del 36,3% y del 9,3% en los microcosmos contaminados y bioaumentados y en los controles contaminados sin bioaumentar, respectivamente. En los microcosmos formulados con SArc, en los controles contaminados se detectó una disminución en la concentración de lindano del 12,2%, a los 14 días. Sin embargo, cuando el suelo fue inoculado con el consorcio cuádruple, la remoción final del plaguicida fue del 30,7%. En los microcosmos contaminados y bioaumentados de SAre se observó la mayor disipación del plaguicida, alcanzando un porcentaje de remoción de lindano del 70,3%, mientras que en los respectivos controles contaminados sin bioaumentar, la remoción fue del 40,4%, al final del ensayo (Figura 7).

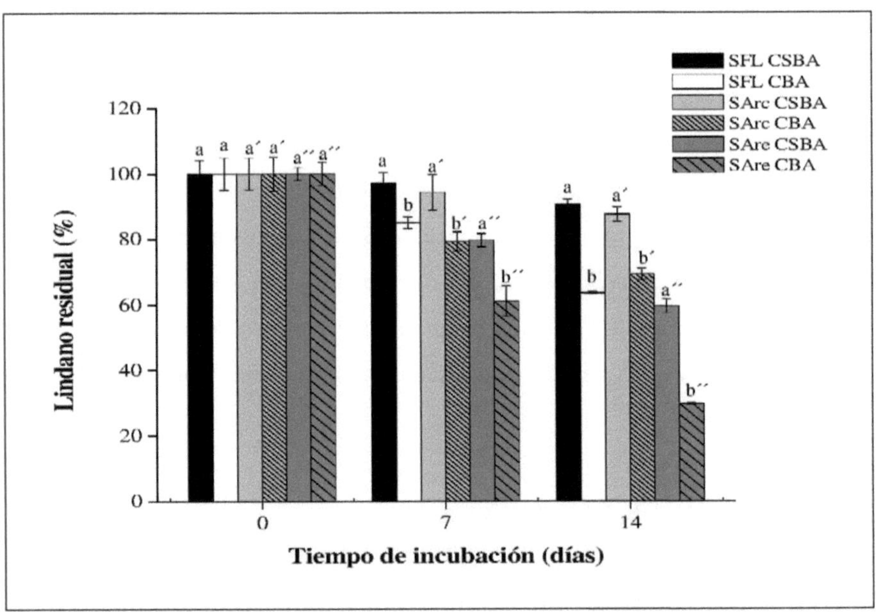

Figura 7. Porcentaje de lindano residual en microcosmos de suelos franco limoso (SFL), arcilloso (SArc) y arenoso (SAre). CSBA: Contaminado sin bioaumentar; CBA: Contaminado y bioaumentado. Letras diferentes indican diferencias significativas entre los suelos bioaumentados y sus respectivos controles sin bioaumentar ($p < 0,05$).

En los tres tipos de suelos, se encontraron diferencias estadísticamente significativas entre los valores de remoción del plaguicida obtenidos en los microcosmos bioaumentados y en sus controles sin bioaumentar ($p < 0,05$). De esta manera, al descontar los porcentajes de remoción obtenidos en los controles, se pudo concluir que las remociones atribuidas a la presencia del cultivo mixto de actinobacterias fueron significativamente diferentes ($p < 0,05$) y alcanzaron valores del 29,9%, 27,0% y 18,5% en SAre, SFL y SArc, respectivamente. Este resultado es muy importante, ya que demuestra la capacidad del consorcio microbiano para incrementar la remoción del plaguicida en suelos de diferentes clases texturales, incluso en presencia de los microorganismos nativos de cada sistema.

Estos resultados refuerzan la hipótesis de que la bioaumentación con consorcios de actinobacterias es muy importante y necesaria para degradar lindano en matrices ambientales contaminadas. Dado que los cuatro miembros del consorcio empleado fueron aislados de ambientes contaminados con plaguicidas organoclorados y metales pesados, tales microorganismos podrían tener las enzimas adecuadas para llevar a cabo la degradación de diversos compuestos tóxicos, en especial de compuestos clorados. De hecho, recientemente se encontró que el genoma de *Streptomyces* sp. A5 presenta genes *lin* putativos, con actividades potenciales de deshidroclorinasa, haloalcano deshalogenasa y deshidrogenasa NAD-dependiente, presentes en la vía de degradación de lindano descriptas para otros microorganismos (Fuentes y col., 2018). De la misma forma, Sineli y col. (2018) postularon la vía de degradación de lindano en *Streptomyces* sp. M7, informando las enzimas involucradas en las vías metabólicas altas y bajas de degradación. Además, estudios previos demostraron que la bioaumentación con actinobacterias constituye una herramienta adecuada para el tratamiento de suelos no estériles co-contaminados con plaguicidas y metales pesados (Aparicio y col., 2015; Aparicio y col., 2017; Aparicio y col., 2018a, b).

La disminución en la concentración de lindano observada en los controles contaminados sin bioaumentar podría atribuirse, en parte, a la participación de los microorganismos nativos presentes en los diferentes tipos de suelos en la degradación del plaguicida. Este mecanismo, conocido como atenuación natural, es una de las principales vías de biodegradación de contaminantes recalcitrantes por comunidades microbianas autóctonas del suelo (Declercq y col., 2012). Cuando una sustancia tóxica de origen antropogénico ingresa al suelo, ejerce diferentes efectos sobre los organismos presentes en dicha matriz. En muchos casos, la microbiota edáfica puede interactuar con los contaminantes, transformarlos en otros compuestos y utilizarlos como fuente de carbono y/o energía (Lew y col., 2011).

Diferentes investigadores han publicado trabajos acerca de la participación de la microbiota edáfica en la biodegradación de plaguicidas. Entre ellos, Cycoń y col. (2013) reportaron la capacidad de las comunidades autóctonas presentes en suelos de diferentes texturas, para degradar plaguicidas organofosforados como clorpirifos, fenitrotión y paratión. Por otra parte, Sagarkar y col. (2014) demostraron un 77% de degradación de atrazina por parte de microorganismos indígenas en mesocosmos de suelos contaminados. Sin embargo, la participación de las comunidades edáficas en procesos de biorremediación de plaguicidas puede ser muy variable, existiendo casos en los que la degradación de estos compuestos por los microorganismos autóctonos resulta muy limitada. Esta situación fue observada por Dadhwal y col. (2009), quienes indicaron que los microorganismos indígenas de un suelo de jardín no estuvieron involucrados en la degradación de isómeros del hexaclorociclohexano (HCH), durante la biorremediación de dicho suelo contaminado artificialmente.

Otro factor que se debe considerar al evaluar la remoción de lindano en los controles contaminados sin bioaumentar, es la adsorción del plaguicida a las partículas del suelo, tales como arcilla y sustancias húmicas. Dicha adsorción, dificulta su extracción y conduce a la obtención de una menor concentración experimental del plaguicida, en relación a la concentración teórica inicial empleada (Laquitaine y col., 2016; Fuentes y col., 2017).

En base a lo anterior, la disminución de la concentración de lindano observada en los controles contaminados sin bioaumentar estaría asociada a ambos fenómenos: a la degradación del plaguicida por la microbiota edáfica y a la adsorción del mismo a las partículas del suelo.

Existe evidencia en la literatura que la biodegradación de compuestos orgánicos tóxicos en los suelos no solo depende de las capacidades de los diferentes microorganismos para usarlos como fuentes de carbono y energía, sino también de la textura de la matriz (Cycoń y col., 2013; Fuentes y col., 2017). Algunos parámetros físico-químicos tales como el contenido de materia orgánica y de arcilla, el pH y la humedad del suelo, controlan la adsorción de plaguicidas y por lo tanto su biodisponibilidad (Rama Krishna y Philip, 2008). Debido a esto, es posible que en el presente trabajo, la variación obtenida en los porcentajes de remoción de lindano haya estado asociada a las distintas propiedades físico-químicas de los suelos, las cuales habrían conducido a una diferente biodisponibilidad del plaguicida para los microorganismos degradadores en los distintos sistemas.

Al comparar la eficiencia de remoción de lindano en los diferentes microcosmos contaminados y bioaumentados, el mayor valor se observó en SAre, donde se logró una remoción del plaguicida del 70,3% en 14 días; dicho valor fue prácticamente dos veces superior a los obtenidos en los otros tipos de suelos. El suelo arenoso empleado presenta bajos contenidos de arcilla y materia orgánica, por lo que es razonable suponer que la adsorción de lindano a sus partículas fue menor en comparación con los suelos franco limoso y arcilloso, resultando en una mayor concentración del plaguicida en la solución acuosa del suelo (fase líquida), lo cual favoreció su biodegradación (Mendes y col., 2017). Además, algunas características de los suelos de textura gruesa, tales como la alta macroporosidad y permeabilidad, permiten la formación de microhábitats bien aireados que mejoran la supervivencia y la actividad microbiana durante los procesos de biorremediación (Kogbara y col., 2015).

En este sentido, cuando Rama Krishna y Philip (2011) estudiaron la degradación de lindano en suelos rojos, arenosos, arcillosos y enmendados con compost, obtuvieron los mayores porcentajes de remoción en suelo arenoso, atribuyendo estos resultados a una menor retención de lindano en las partículas de arena, y por lo tanto a su mayor biodisponibilidad para la degradación microbiana. Del mismo modo, Cycoń y col. (2013) investigaron la influencia de tres clases texturales en el proceso de biorremediación de paratión en suelos no estériles bioaumentados con *Serratia marcescens*, y encontraron la máxima y la mínima disipación del plaguicida en suelos arenosos y limosos, respectivamente, sugiriendo que el alto contenido de arena del primer suelo favoreció su degradación.

Cabe destacar que no siempre la biorremediación de un suelo arenoso resulta exitosa, ya que su naturaleza permeable puede permitir la pérdida del contaminante por lixiviación o percolación (Önneby y col., 2013). En este sentido, Fuentes y col. (2017) observaron que el mismo consorcio de *Streptomyces* en estudio presentó menor eficiencia de biodegradación de una mezcla de plaguicidas organoclorados en suelo arenoso, debido a la lixiviación de los contaminantes en ese tipo de suelo.

En el presente trabajo, se observó la mínima tasa de remoción del plaguicida en los microcosmos de SArc contaminados y bioaumentados con el consorcio de *Streptomyces*. Esto podría deberse al predominio de partículas finas de arcilla con gran área superficial, las cuales podrían adsorber lindano o formar complejos con dicho plaguicida, disminuyendo así su biodisponibilidad y, por lo tanto, la degradación microbiana. Estos resultados son coherentes con los obtenidos por Rama Krishna y Philip (2011), quienes reportaron una pequeña disminución en la concentración de lindano en suelos arcillosos bioaumentados. Un comportamiento similar fue informado por Liang y col. (2011) para el plaguicida organofosforado clorpirifos. Al igual que lindano, clorpirifos tiene una gran afinidad por las partículas de limo y arcilla, lo que reduce su biodisponibilidad para la degradación microbiana.

5.3. PARÁMETROS CINÉTICOS DE REMOCIÓN DE LINDANO

Los parámetros cinéticos de remoción de un plaguicida permiten caracterizar los procesos de degradación del mismo en diferentes matrices ambientales. Por ello, se determinaron tales parámetros en los ensayos de remoción de lindano en los microcosmos formulados con los distintos tipos de suelo. Estos parámetros se obtuvieron a partir de las gráficas de concentración de plaguicida (C), de log C o de 1/C en función del tiempo, correspondientes a procesos de cinética de orden cero, primer orden y segundo orden, respectivamente, seleccionando la curva que mejor se ajustó a los datos experimentales.

En todos los casos evaluados, el modelo de cinética de primer orden para la biorremediación de lindano ajustó los datos de manera más adecuada que los modelos de orden cero y segundo orden, lo cual se concluyó a partir de los valores del coeficiente de determinación R^2, hallazgo que coincide con lo reportado en la literatura por Saez y col. (2018). En la Tabla 4 se presentan los parámetros cinéticos de la remoción de lindano en los diferentes microcosmos contaminados y bioaumentados y en los controles contaminados sin bioaumentar.

Tabla 4. Parámetros cinéticos de primer orden para la biorremediación de lindano. Letras diferentes indican diferencias significativas entre los suelos bioaumentados y sus respectivos controles sin bioaumentar ($p < 0,05$).

Microcosmos	Parámetros cinéticos de primer orden			
	Ecuación	**R^2**	**k (d^{-1})**	**$T_{1/2}$ (d)**
SFL sin bioaumentar	y = - 0,007x + 0,619	0,971	0,007 ± 0,002 ^{a}	99,0 ± 0,3 $^{a'}$
SFL bioaumentado	y = - 0,032x + 0,529	0,987	0,032 ± 0,005 ^{b}	21,7 ± 0,2 $^{b'}$
SArc sin bioaumentar	y = - 0,009x + 0,685	0,998	0,009 ± 0,006 ^{a}	77,0 ± 0,7 $^{a'}$
SArc bioaumentado	y = - 0,026x + 0,581	0,989	0,026 ± 0,004 ^{b}	26,7 ± 0,2 $^{b'}$
SAre sin bioaumentar	y = - 0,037x + 0,413	0,998	0,037 ± 0,003 ^{a}	18,7 ± 0,1 $^{a'}$
SAre bioaumentado	y = - 0,087x + 0,577	0,994	0,087 ± 0,009 ^{b}	8,0 ± 0,1 $^{b'}$

R^2: Coeficiente de determinación; **k:** Constante de velocidad de remoción; **$T_{1/2}$:** Tiempo de vida media de lindano.

Es importante destacar que en los suelos bioaumentados con el consorcio de actinobacterias, el tiempo de vida media del plaguicida ($T_{1/2}$) presentó valores significativamente menores que sus respectivos controles sin bioaumentar ($p < 0,05$). Así, la presencia del consorcio microbiano en los microcosmos bioaumentados redujo el $T_{1/2}$ del contaminante en 77,3 d (78%); 50,3 d (65%) y 10,7 d (57%), para SFL, SArc y SAre, respectivamente. Este hallazgo es muy importante ya que refuerza la hipótesis de que la bioaumentación de los suelos contaminados con el consorcio de actinobacterias incrementa la eficiencia de remoción del plaguicida. El mínimo valor de $T_{1/2}$ (8,0 d) y la máxima constante de velocidad de remoción (0,087 d^{-1}) se obtuvieron en microcosmos de SAre bioaumentados, donde a su vez se observó el mayor porcentaje de remoción de lindano (70,3%). De la misma manera, Cycoń y col. (2013) encontraron que los $T_{1/2}$ del paratión en tres suelos no estériles de diferentes texturas (arenoso, franco arenoso y limoso), bioaumentados con *Serratia marcescens*, fueron significativamente menores que aquellos obtenidos en sus respectivos controles sin inocular, donde se observó biorremediación por atenuación natural. Además, demostraron que el clorpirifos presentó el menor $T_{1/2}$ en suelo limoso no estéril, bioaumentado con la misma bacteria, debido a que la degradación de este plaguicida organofosforado fue más rápida en ese tipo de suelo.

La Base de Datos Internacional sobre Propiedades de Plaguicidas FOOTPRINT (PPDB, 2017) informó que, en promedio, el $T_{1/2}$ de lindano en suelos es de 148 d, el cual es mayor que los valores encontrados en el presente trabajo (Tabla 4). Estos resultados confirman que la participación de microorganismos con capacidades degradativas es necesaria para acelerar la biodegradación de lindano en los diferentes tipos de suelos. En el mismo sentido, Abdul Salam y col. (2017) encontraron que el $T_{1/2}$ de lindano era de 7,1 d cuando usaron *Candida* VITJzN04 en asociación con la planta *Saccharum officinarum*, durante ensayos de biorremediación en microcosmos de suelos.

5.4. ACTIVIDADES ENZIMÁTICAS DEL SUELO

El suelo es el hábitat de muchos microorganismos, lo que hace posible la circulación de nutrientes en el medio ambiente, así como también la preservación de la fertilidad. Cuando ciertas sustancias tóxicas, tales como los plaguicidas, ingresan al suelo, pueden afectar su ecosistema, presentando efectos directos o indirectos sobre el ciclo de vida de los microorganismos, sus actividades, los parámetros bioquímicos del suelo y/o su fertilidad (Jastrzębska, 2011). Entre los parámetros bioquímicos, se pueden mencionar las actividades enzimáticas del suelo, las cuales suelen utilizarse como indicadores sensibles para evaluar el efecto que ejercen las sustancias tóxicas en la calidad del suelo. Las enzimas tienen ventajas sobre los indicadores físico-químicos porque son fácilmente cuantificables, presentan una alta sensibilidad y capacidad para responder rápidamente a la presencia de contaminantes, y constituyen una medida de la actividad microbiana del suelo (Rao y col.2014).

Debido a lo anteriormente expuesto, se estudió el efecto de lindano y del proceso de biorremediación sobre deshidrogenasa (DH), hidrólisis de diacetato de fluoresceína (FDA), fosfatasas ácida (FAC) y alcalina (FALC), ureasa (UR) y catalasa (CAT).

La evolución de todas las actividades enzimáticas de los suelos en función del tiempo de incubación, en todas las condiciones evaluadas, se presenta en la Figura 8. En todos los casos se observó un marcado incremento de dichas actividades en función del tiempo de incubación, encontrándose diferencias estadísticamente significativas entre los valores obtenidos a tiempo inicial y a los 14 días de incubación ($p < 0,05$). Es importante destacar que los mayores niveles de actividad enzimática se detectaron en los microcosmos formulados con suelo franco limoso, durante todo el período de incubación, donde a su vez, se detectaron los mayores recuentos de microorganismos heterótrofos totales. Esta observación es lógica, debido a que dichas enzimas son producidas principalmente por bacterias y hongos, mientras que una pequeña proporción proviene de plantas y animales (Jastrzębska, 2011). Además, trabajos previos, encontraron una correlación positiva entre las actividades enzimáticas y el contenido de carbono, nitrógeno y fósforo en suelos (Trasar Cepeda y col., 1998; Burgos y col., 2002; Cuevas Díaz y col., 2017). Los contenidos más altos de carbono y nitrógeno fueron detectados en SFL (Tabla 3), por lo que no es sorprendente que en dichos suelos se registraran los mayores niveles de esos parámetros biológicos.

A su vez, los valores más bajos se cuantificaron en SArc y SAre, lo que podría deberse tanto a las bajas densidades microbianas como a las características físico-químicas de ambos suelos. De la misma manera, diversos investigadores obtuvieron resultados similares. Por ejemplo, Schnürer y Rosswall (1982), informaron una actividad de hidrólisis de FDA muy baja en muestras de suelos arenosos y arcillosos. Por su parte, Adam y Duncan (2001) demostraron que un suelo con alta proporción de limo y arcilla y alto contenido de materia orgánica, podía adsorber hasta un 13,7% de la fluoresceína liberada por la hidrólisis de FDA, reduciendo los niveles cuantificados de dicha actividad.

Al final del ensayo, y considerando los tres tipos de suelos y las diferentes condiciones evaluadas, se detectaron valores de DH que oscilaron entre 0,03 y 4,63 μg TPF g^{-1} h^{-1} (Figura 8A). Es importante destacar que la presencia de lindano en los controles contaminados sin bioaumentar afectó negativamente la actividad DH con respecto a la actividad detectada en los suelos naturales, siendo estos porcentajes de inhibición diferentes entre los distintos sistemas: los niveles de DH se redujeron en un 20% en SFL y SArc y en un 22% en SAre.

La hidrólisis de FDA presentó valores de actividad que oscilaron entre 24,07 y 116,51 μg fluoresceína g^{-1} h^{-1} al final del ensayo, considerando los tres tipos de suelos y las distintas condiciones en estudio (Figura 8B). Los mínimos valores para esta actividad fueron registrados en los controles contaminados sin bioaumentar, por lo que la presencia de lindano afectó negativamente dicha actividad enzimática. La hidrólisis de FDA fue la más sensible a la presencia del plaguicida y se redujo en un 23%, 30% y 36%, en SFL, SArc y SAre, respectivamente, en relación a los niveles basales obtenidos en los suelos naturales.

A los 14 días de incubación, los valores detectados para FAC y para FALC oscilaron entre 8,65 y 120,41 y entre 11,08 y 137,88 μg de *p*-nitrofenol g^{-1} h^{-1}, respectivamente (Figura 8C y 8D). De manera similar a las otras actividades enzimáticas, el lindano redujo las actividades de FAC en un 23% (SFL), 17% (SArc) y 16% (SAre) y de FALC en un 17% (SFL), 15% (SArc) y 26% (SAre), en comparación a los suelos naturales.

Al final del ensayo, y considerando los tres tipos de suelos y las diferentes condiciones en estudio UR presentó valores mínimos y máximos de 0,88 y 27,01 μg de $N\text{-}NH_4$ g^{-1} h^{-1}, respectivamente (Figura 8E). El lindano no tuvo un efecto significativo sobre esta actividad enzimática, ya que no se detectaron diferencias significativas entre los niveles de UR obtenidos en los controles contaminados sin bioaumentar y en los suelos naturales, a los 14 días de incubación ($p > 0,05$), independientemente del tipo de suelo.

Los valores de actividad CAT, luego de los 14 días de incubación y considerando los tres suelos y condiciones evaluadas, oscilaron entre 0,08 y 0,97 mmol H_2O_2 consumidos g^{-1} h^{-1} (Figura 8F). En los controles contaminados sin bioaumentar de SFL y SAre, se observó un efecto estimulante de lindano sobre esta actividad enzimática, ya que se detectaron incrementos del 6% y 22% en los niveles de CAT, respecto a los valores obtenidos en los suelos naturales, respectivamente, al final del ensayo. Sin embargo, esta actividad no fue afectada por la presencia de lindano en SArc ($p > 0,05$).

Los resultados obtenidos sugieren que los efectos de lindano en las actividades enzimáticas son variados, lo que puede atribuirse a la diversidad de las comunidades microbianas presentes en los suelos, a la sensibilidad de ciertas especies autóctonas frente al plaguicida y a las interacciones bioquímicas entre el lindano y los microorganismos edáficos. La naturaleza química del plaguicida, la concentración evaluada, las estructuras de las comunidades microbianas y las propiedades físico-químicas de los suelos, son factores que contribuyen a encontrar diversos resultados, cuando se considera el efecto de los plaguicidas en las actividades enzimáticas (Tejada y col., 2011; Kucharski y col., 2016). Los plaguicidas pueden reducir la biomasa microbiana del suelo, alterar la producción de enzimas y/o contribuir a cambios en sus actividades catalíticas (Kucharski y col., 2016). En la bibliografía, existe poca información acerca de los efectos de lindano sobre las comunidades microbianas del suelo; sin embargo, algunos trabajos demostraron que su aplicación redujo las poblaciones microbianas (Rodríguez y Toranzos, 2003) e inhibió la actividad metabólica heterotrófica de microorganismos edáficos (Muñiz y col., 2017). En el presente estudio, si bien se observó que la presencia del plaguicida alteró las actividades enzimáticas en los controles contaminados, la densidad poblacional microbiana no se vio afectada en dichos controles respecto a los suelos naturales (Figura 6). Además, las propiedades físico-químicas de los suelos determinan la adsorción y desorción de los plaguicidas, y por lo tanto, la biodisponibilidad de los mismos hacia los microorganismos (Rama Krishna y Philip, 2011). Esta situación explicaría también, el hecho de que el efecto de lindano sobre las enzimas haya sido diferente en cada matriz (Figura 8). La hidrólisis de FDA fue la actividad más sensible especialmente en SAre, mientras que CAT fue insensible al plaguicida en SArc, posiblemente porque el plaguicida haya estado más y menos biodisponible para afectar dichos parámetros biológicos, respectivamente.

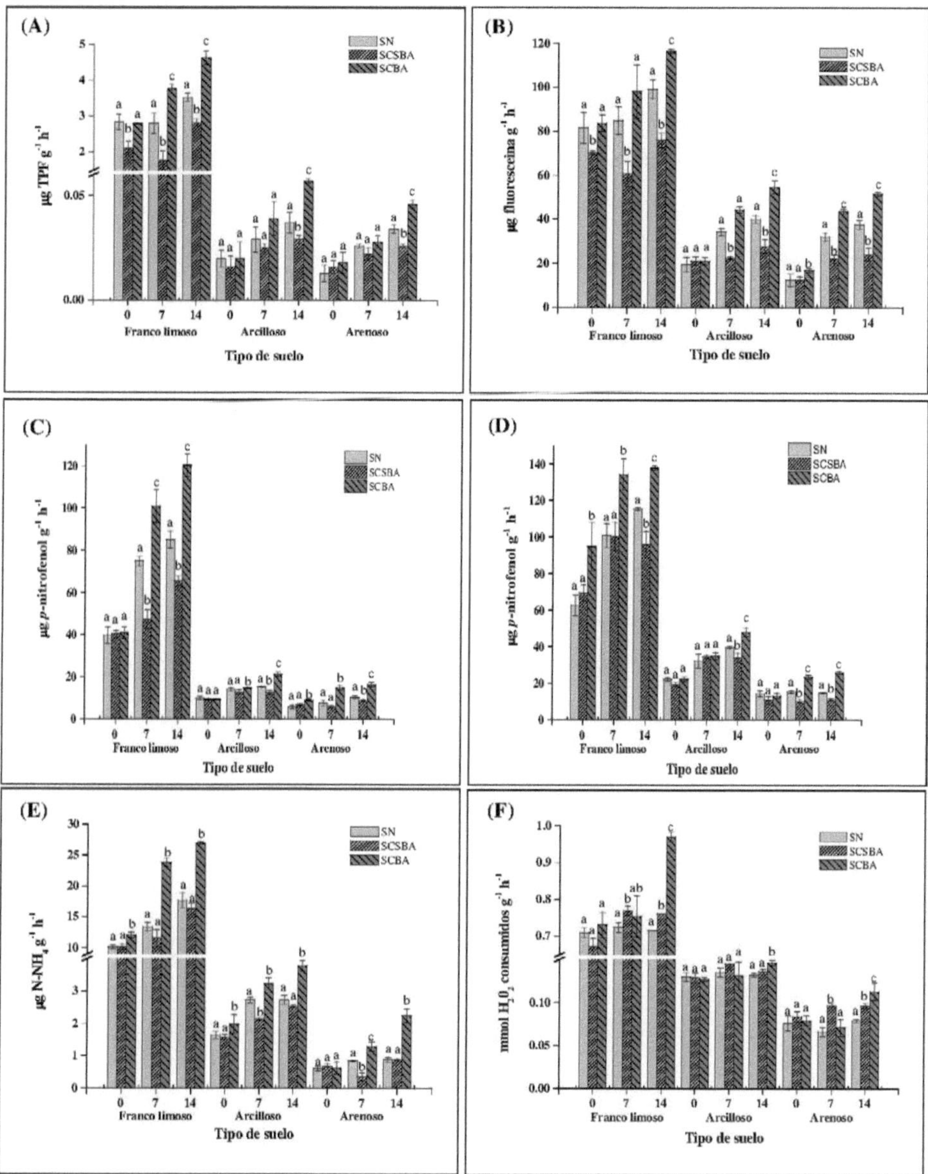

Figura 8. Evolución de las actividades enzimáticas. 0, 7 y 14: Tiempo de incubación en días. SN: Suelo natural; SCSBA: Suelo contaminado sin bioaumentar; SCBA: Suelo contaminado y bioaumentado. Letras diferentes indican diferencias significativas entre los suelos bioaumentados y sus respectivos controles sin bioaumentar ($p < 0,05$).

Es importante destacar que, en los tres tipos de suelos, al final del ensayo, los mayores valores de las actividades enzimáticas fueron obtenidos en los microcosmos contaminados y bioaumentados con el consorcio microbiano, por lo que la presencia de las actinobacterias incrementó los niveles de todas ellas (Figura 8). En base a lo anteriormente expuesto, los incrementos de las actividades enzimáticas en los microcosmos contaminados y bioaumentados con respecto a los controles contaminados sin bioaumentar, podrían atribuirse a la capacidad del consorcio de actinobacterias para adaptarse a suelos de diferentes texturas, crecer fácilmente en ellos y remover el plaguicida. El lindano podría haber sido utilizado como fuente de carbono y energía por las actinobacterias inoculadas en los suelos contaminados, lo que redujo el impacto negativo de dicho plaguicida sobre las propiedades bioquímicas del suelo y estimuló la multiplicación de los microorganismos edáficos, con el consiguiente aumento de las actividades enzimáticas (Baćmaga y col., 2017).

Resultados similares fueron obtenidos por otros investigadores. Por ejemplo, Bhalerao (2012) registró mayores niveles en las actividades deshidrogenasa y arilsulfatasa, en suelos franco arcillosos contaminados con endosulfán y bioaumentados con *Aspergillus niger*, respecto a los controles contaminados sin bioaumentar, a los 15 días de ensayo. La estimulación de ambas actividades enzimáticas se correlacionó con la degradación más rápida del endosulfán. De la misma manera, Baćmaga y col. (2017) observaron que la bioaumentación con diferentes consorcios microbianos de suelos arenosos y francos contaminados con azoxistrobina, aceleró la degradación del fungicida y estimuló las actividades enzimáticas del suelo en comparación con los suelos contaminados sin bioaumentar, al finalizar el ensayo de biorremediación.

5.5. SUPERVIVENCIA DE LAS CEPAS INTEGRANTES DEL CONSORCIO

Las estrategias de bioaumentación para remediar un suelo se basan principalmente en la supervivencia y actividad catabólica de las cepas microbianas inoculadas. La inoculación de microorganismos que contienen las vías metabólicas necesarias para la degradación de contaminantes, puede acelerar la eliminación de dichos compuestos, reduciendo el tiempo requerido para llevar a cabo el proceso de biorremediación (Garbisu y col., 2017). Sin embargo, cuando se introducen microorganismos alóctonos en el suelo, éstos deben competir por espacio, energía y nutrientes con la microbiota indígena presente en el ecosistema, la cual además puede producir compuestos orgánicos y antibióticos capaces de disminuir la viabilidad de las cepas inoculadas. Por esta razón, la capacidad del inóculo para sobrevivir en los suelos y su actividad catabólica son factores importantes que limitan el éxito de los procesos de bioaumentación (Cycoń y col., 2017).

Por ello, se evaluó la supervivencia de las cuatro cepas integrantes del consorcio al final del ensayo de biorremediación, en los tres microcosmos contaminados y bioaumentados. La misma se realizó mediante un abordaje fenotípico, basado en estudios de sensibilidad a antibióticos, y un abordaje genotípico, mediante estudios de detección de polimorfismos genéticos.

Un trabajo previo de sensibilidad contra 24 antibióticos, mediante el método de difusión en agar, reveló diferentes comportamientos de las cuatro actinobacterias frente a algunos antibióticos. Por ejemplo, *Streptomyces* sp. A2 y A11 fueron resistentes a Vancomicina, mientras que *Streptomyces* sp. A5 y M7 fueron sensibles a dicho antibiótico, en la concentración estudiada. *Streptomyces* sp. A5 fue resistente a Imipenem y *Streptomyces* sp. M7 presentó resistencia a Teicoplanina (Saez y col., 2015). Teniendo en cuenta estos resultados, se seleccionaron los tres antibióticos y se evaluaron diferentes concentraciones de los mismos en medio CAA, hasta obtener la concentración mínima inhibitoria (MIC) que permitió diferenciar las cepas en dicho medio de cultivo sólido. De esta manera, se encontró que Vancomicina 30 μg mL^{-1} inhibió a *Streptomyces* sp. A5 y M7, mientras que *Streptomyces* sp. A2 y A11 fueron resistentes (Figura 9A). *Streptomyces* sp. A5 fue la única cepa resistente a Imipenem 30 μg mL^{-1} (Figura 9B), mientras que Teicoplanina 20 μg mL^{-1} inhibió a *Streptomyces* sp. A2, A5 y A11, permitiendo sólo el crecimiento de *Streptomyces* sp. M7 (Figura 9C). Por ello, se seleccionaron tales antibióticos y las respectivas concentraciones para evaluar el crecimiento diferencial de cada cepa de *Streptomyces* sp. en medio CAA.

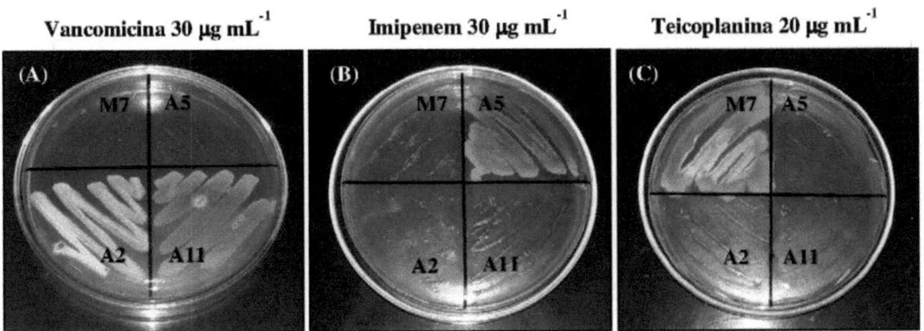

Figura 9. Placas de Petri con medio CAA suplementado con (A) Vancomicina 30 μg mL^{-1}, (B) Imipenem 30 μg mL^{-1} y (C) Teicoplanina 20 μg mL^{-1}, sembradas con *Streptomyces* sp. A2, A5, A11 y M7.

La metodología RAPD-PCR implica la amplificación de segmentos aleatorios de ADN genómico mediante PCR con cebadores de secuencia arbitraria que se hibridan en *loci* distribuidos aleatoriamente en todo el genoma (Guirao y col., 1994; Brandolini y col., 2014). Es una técnica rápida, reproducible, de alta resolución, económica y potente que permite detectar diferencias en el genoma bacteriano y no únicamente en secuencias particulares, por lo que resulta de utilidad para caracterizar bacterias pertenecientes al mismo género (Nielsen y col., 2014; Saez y col., 2015). En base a ello, se empleó esta técnica con el fin de obtener bandas diferenciales entre las cuatro cepas de *Streptomyces* en estudio. Se realizaron diferentes variaciones en la temperatura de hibridación, y se encontró que trabajando a 50 °C se obtenían perfiles característicos y únicos para cada una de las cepas, los cuales se utilizaron como controles. En tales perfiles, se observó que *Streptomyces* sp. A11 presentaba una banda diferencial, mientras que *Streptomyces* sp. A2 tenía dos bandas características. Por el contrario, *Streptomyces* sp. M7 y *Streptomyces* sp. A5 presentaron tres y cinco bandas únicas, respectivamente (Figura 10).

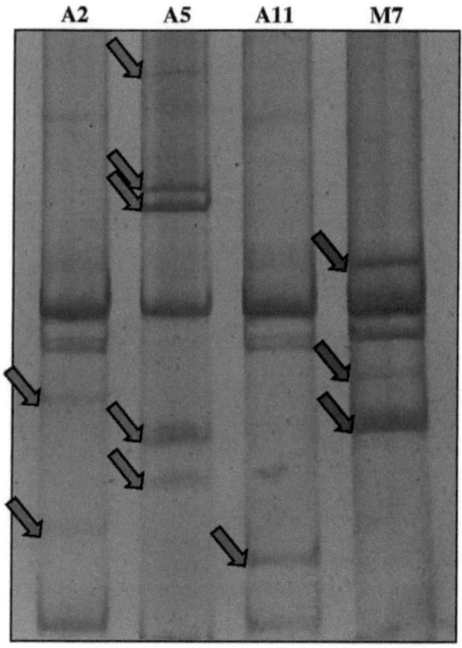

Figura 10. Electroforesis en gel de poliacrilamida de los fragmentos amplificados con los cebadores DA F y DA R, correspondientes a *Streptomyces* sp. A2, A5, A11 y M7. Las flechas de colores indican las bandas diferenciales.

Posteriormente, se sembraron diluciones apropiadas de las muestras de suelos procedentes de los diferentes microcosmos bioaumentados a los 14 días de incubación, en placas de Petri con medio CAA suplementado con 50 μg mL^{-1} de ácido nalidíxico y 50 μg mL^{-1} de cicloheximida más Vancomicina 30 μg mL^{-1}, Imipenem 30 μg mL^{-1} o

Teicoplanina 20 µg mL^{-1}, según correspondiera. Al cabo de una semana de incubación a 30 °C, se obtuvieron colonias aisladas (Figura 11), las cuales fueron seleccionadas por sus morfologías y colores característicos para llevar a cabo RAPD-PCR. Cabe destacar que en presencia de Vancomicina (30 µg mL^{-1}), se obtuvieron colonias de actinobacterias de dos morfologías y colores diferentes: una correspondiente a *Streptomyces* sp. A2 y la otra a *Streptomyces* sp. A11.

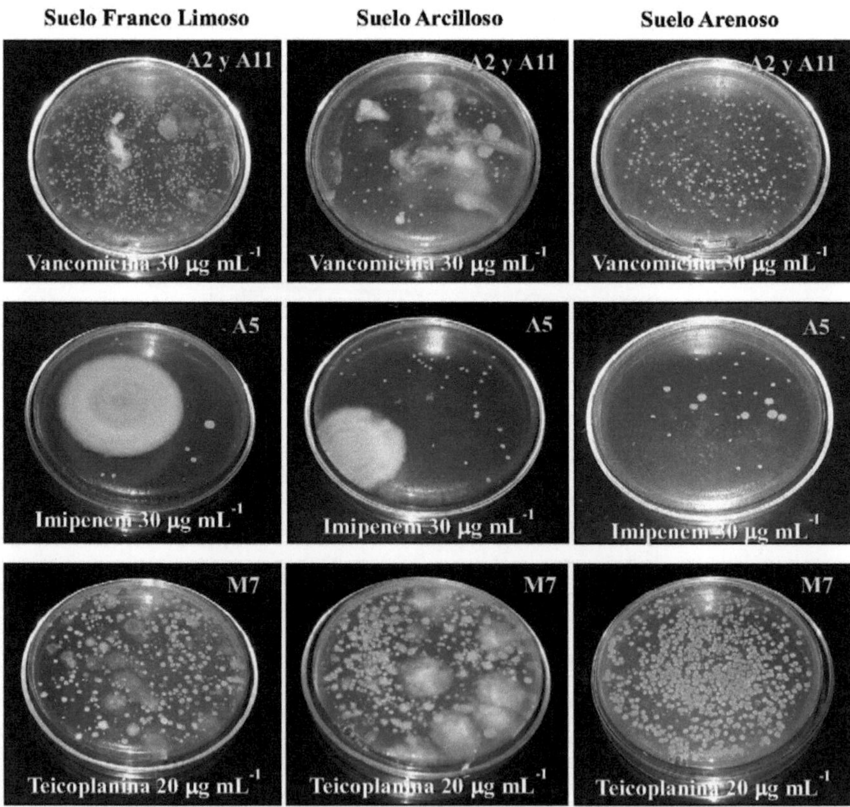

Figura 11. Placas de Petri con medio CAA suplementadas con los antibióticos correspondientes, sembradas con diluciones decimales de muestras procedentes de los distintos tipos de suelos contaminados y bioaumentados.

Las colonias de los microorganismos desarrollados en CAA suplementado con dichos antibióticos, se trasplantaron a medio TSB, y se incubaron durante 72 h. A partir de estos cultivos se realizó una extracción de ADN y posterior amplificación con los cebadores DA-F y DA-R, y electroforesis en gel de poliacrilamida (PAGE), con el fin de corroborar la identidad de las cepas según los perfiles característicos de cada una de ellas obtenidos mediante RAPD-PCR.

La recuperación de células viables de actinobacterias a partir de los suelos biorremediados y los perfiles únicos y característicos observados en los geles de poliacrilamida, confirmaron la identidad y la supervivencia de las cuatro cepas integrantes del consorcio al final del proceso de biorremediación, en los tres suelos contaminados y bioaumentados (Figura 12). Estos resultados confirman la capacidad de los microorganismos del consorcio de *Streptomyces* para colonizar suelos de diferentes texturas y adaptarse fácilmente a matrices contaminadas con lindano.

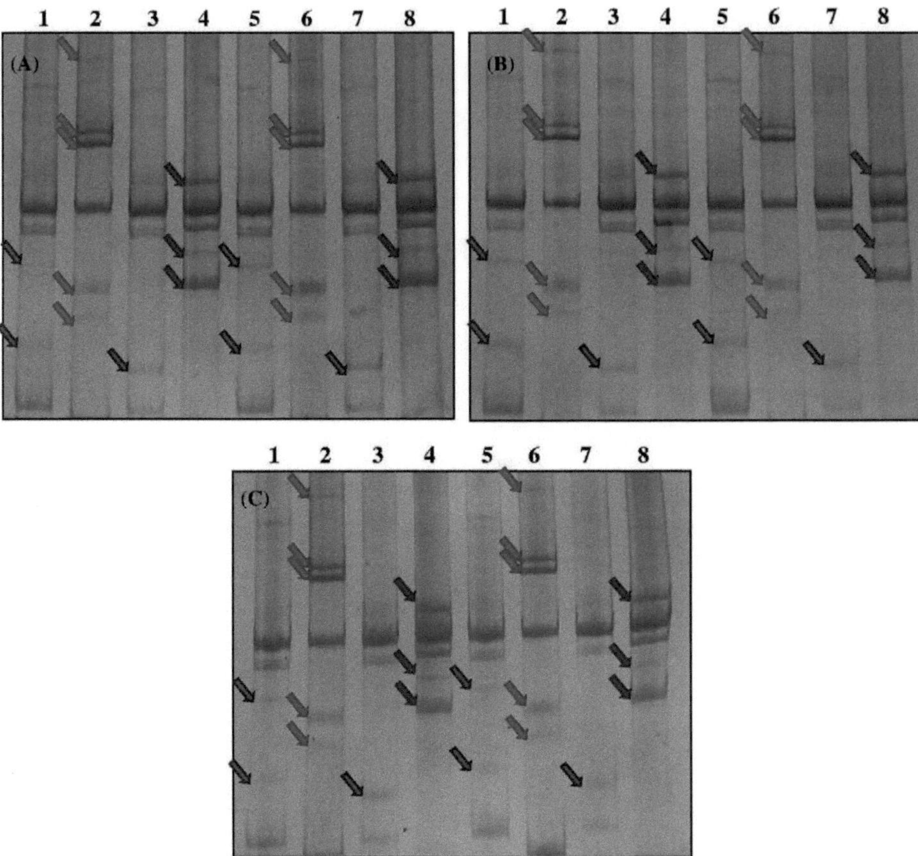

Figura 12. Geles de poliacrilamida de fragmentos amplificados con cebadores DA F y DA R. (A) SFL; (B) SArc; (C) SAre. Calles: 1: *Streptomyces* sp. A2; 2: *Streptomyces* sp. A5; 3: *Streptomyces* sp. A11; 4: *Streptomyces* sp. M7; 5: Colonia de *S.* sp. A2 aislada de CAA con Vancomicina 30 µg mL^{-1}; 6: Colonia de *S.* sp. A5 aislada de CAA con Imipenem 30 µg mL^{-1}; 7: Colonia de *S.* sp. A11 aislada de CAA con Vancomicina 30 µg mL^{-1}; 8: Colonia de *S.* sp. M7 aislada de CAA con Teicoplanina 20 µg mL^{-1}.

Debido a sus diferentes estilos de vida, diversidad fisiológica y gran producción de metabolitos de importancia biotecnológica, las actinobacterias se consideran unos de los colonizadores más exitosos de la biósfera (Alvarez y col., 2017). Sin embargo, el factor principal para la supervivencia observada en las cepas de actinobacterias inoculadas en los distintos tipos de suelos contaminados con lindano podría ser su capacidad para tolerar e incluso utilizar el plaguicida como fuente de carbono y energía.

Los resultados del presente trabajo coinciden con aquellos obtenidos por Saez y col. (2015), quienes confirmaron la supervivencia de las cuatro cepas constituyentes del consorcio definido (*Streptomyces* sp. A2, A5, A11 y M7) al final de un ensayo de biorremediación de lodos estériles contaminados con lindano, después de un período de aclimatación de cinco semanas, lo que demostró la estabilidad de tales microorganismos durante un tiempo prolongado. De la misma manera, Aparicio y col. (2018b) demostraron la viabilidad de cuatro cepas de actinobacterias (*Streptomyces* sp. A5, M7 y MC1 y *Amicolaptosis tucumanensis* DSM 45259), integrantes de un consorcio definido empleado para biorremediar suelos arcillo limosos co-contaminados con lindano y Cr(VI), a los 14 días de incubación. Dichos autores utilizaron una metodología similar a la empleada en nuestro estudio.

Otros investigadores también monitorearon la supervivencia de ciertos microorganismos cuando se inocularon en matrices contaminadas para llevar a cabo un proceso de biorremediación. Por ejemplo, Wang y col. (2013) comprobaron la supervivencia de *Arthrobacter* sp. DAT1 después de su introducción en suelos no estériles contaminados con atrazina, aplicando las técnicas de detección de polimorfismos de longitud de fragmentos de restricción (RFLP) y PCR cuantitativa utilizando los genes que codifican las enzimas involucradas en la biodegradación del plaguicida (trzN, atzB y atzC). Por su parte, Andreolli y col. (2016) revelaron la supervivencia y la persistencia de *Trichoderma longibrachiatum* Evx1 en muestras de suelos contaminados con hidrocarburos después de 30 días de incubación, mediante análisis con DGGE-PCR.

Los resultados obtenidos sugieren que las actinobacterias inoculadas en los microcosmos de suelos no estériles fueron capaces de sobrevivir, no sólo al ambiente hostil creado por el plaguicida, sino también a la presencia de la microbiota nativa del suelo. Este resultado es muy importante, ya que la estabilidad de los microorganismos inoculados es un factor esencial para la aplicación práctica de un consorcio microbiano en un proceso de biorremediación, donde tales microorganismos están expuestos a concentraciones de contaminantes altamente tóxicas.

6. CONCLUSIONES

La bioaumentación de los microcosmos de suelos no estériles de diferentes texturas con el consorcio cuádruple de *Streptomyces* aceleró las tasas de remoción de lindano, en relación a los suelos contaminados sin bioaumentar. Los porcentajes de remoción fueron significativamente diferentes entre los distintos tipos de suelos, debido a que la textura de los mismos puede afectar la adsorción y desorción de lindano, y por lo tanto, su biodisponibilidad para los microorganismos edáficos. Además, la bioaumentación con actinobacterias de los microcosmos de suelos contaminados no solo redujo los tiempos de vida media de lindano, sino que también incrementó el recuento de microorganismos heterótrofos totales.

Las actividades enzimáticas del suelo se vieron afectadas de manera diferente en presencia de lindano: hidrólisis de diacetato de fluoresceína, fosfatasas ácida y alcalina y deshidrogenasa fueron inhibidas por el plaguicida, catalasa resultó ligeramente estimulada, mientras que ureasa no fue afectada. Estas actividades enzimáticas fueron transitoriamente susceptibles a la presencia del plaguicida, debido a que el monitoreo del proceso de biorremediación, demostró los mayores niveles de las mismas en los suelos bioaumentados, luego de la remoción del lindano por el consorcio de actinobacterias.

Finalmente, se demostró la supervivencia de las cuatro cepas de actinobacterias integrantes del consorcio definido en los tres suelos contaminados con lindano, mediante técnicas bioquímicas y moleculares, lo que confirma la capacidad de las mismas para adaptarse fácilmente y crecer en suelos de diferentes texturas contaminados, incluso en presencia de los microorganismos nativos.

Por lo tanto, la técnica de bioaumentación con el consorcio de actinobacterias representa una alternativa prometedora para biorremediar diferentes tipos de suelos contaminados con plaguicidas organoclorados.

7. BIBLIOGRAFÍA

Abdul Salam, J. and Das, N. 2013. Enhanced biodegradation of lindane using oil-in-water bio-microemulsion stabilized by biosurfactant produced by a new yeast strain, *Pseudozyma* VITJzN01. Journal of Microbiology and Biotechnology. 23(11): 1598-1609.

Abdul Salam, J.; Hatha, M.A. and Das, N. 2017. Microbial-enhanced lindane removal by sugarcane (*Saccharum officinarum*) in doped soil-applications in phytoremediation and bioaugmentation. Journal of Environmental Management. 193: 394-399.

Adam, G. and Duncan, H. 2001. Development of a sensitive and rapid method for the measurement of total microbial activity using fluorescein diacetate (FDA) in a range of soils. Soil Biology and Biochemistry. 33(7): 943-951.

Adams, G.O.; Tawari Fufeyin, P.; Okoro, S.E. and Igelenyah, E. 2015. Bioremediation, biostimulation and bioaugmention: a review. International Journal of Environmental Bioremediation and Biodegradation. 3(1): 28-39.

Alvarez, A.; Benimeli, C.S.; Saez, J.M.; Fuentes, M.S.; Cuozzo, S.A.; Polti, M.A. and Amoroso, M.J. 2012. Bacterial bio-resources for remediation of hexachlorocyclohexane. International Journal of Molecular Sciences. 13(11): 15086-15106.

Alvarez, A.; Saez, J.M.; Davila Costa, J.S.; Colin, V.L.; Fuentes, M.S.; Cuozzo, S.A.; Benimeli, C.S.; Polti, M.A. and Amoroso, M.J. 2017. Actinobacteria: Current research and perspectives for bioremediation of pesticides and heavy metals. Chemosphere. 166: 41-62.

Anderson, A.S. and Wellington, E.M.H. 2001. The taxonomy of *Streptomyces* and related genera. International Journal of Systematic and Evolutionary Microbiology. 51(3): 797-814.

Andreolli, M.; Lampis, S.; Brignoli, P. and Vallini, G. 2016. *Trichoderma longibrachiatum* Evx1 is a fungal biocatalyst suitable for the remediation of soils contaminated with diesel fuel and polycyclic aromatic hydrocarbons. Environmental Science and Pollution Research. 23(9): 9134-9143.

Aparicio, J.D.; Benimeli, C.S.; Almeida, C.A.; Polti, M.A. and Colin, V.L. 2017. Integral use of sugarcane vinasse for biomass production of actinobacteria: Potential application in soil remediation. Chemosphere. 181: 478-484.

Aparicio, J.D.; Raimondo, E.E.; Gil, R.A.; Benimeli, C.S. and Polti, M.A. 2018a. Actinobacteria consortium as an efficient biotechnological tool for mixed polluted soil reclamation: Experimental factorial design for bioremediation process optimization. Journal of Hazardous Materials. 342: 408-417.

Aparicio, J.D.; Saez, J.M.; Raimondo, E.E.; Benimeli, C.S. and Polti, M.A. 2018b. Comparative study of single and mixed cultures of actinobacteria for the bioremediation of co-contaminated matrices. Journal of Environmental Chemical Engineering. 6(2): 2310-2318.

Aparicio, J.; Simón Solá, M.Z.; Benimeli, C.S.; Amoroso, M.J. and Polti, M.A. 2015. Versatility of *Streptomyces* sp. M7 to bioremediate soils co-contaminated with Cr (VI) and lindane. Ecotoxicology and Environmental Safety. 116: 34-39.

Arias, A.H.; Pereyra, M.T. and Marcovecchio, J.E. 2011. Multi-year monitoring of estuarine sediments as ultimate sink for DDT, HCH, and other organochlorinated pesticides in Argentina. Environmental Monitoring and Assessment. 172(1-4): 17-32.

Arias Verdes, J.A.; Riera Betancourt, C.; Rojas Companioni, D.; Cabrera Cruz, N. and Dierkmeier Corcuela, G. 1990. Plaguicidas Organoclorados. Serie Vigilancia 9. Centro Panamericano de Ecología Humana y Salud. Programa de Salud Ambiental. Organización Panamericana de la Salud. Organización Mundial de la Salud. Metepec, México.

Auffret, M.D.; Yergeau, E.; Labbé, D.; Fayolle Guichard, F. and Greer, C.W. 2015. Importance of *Rhodococcus* strains in a bacterial consortium degrading a mixture of hydrocarbons, gasoline, and diesel oil additives revealed by metatranscriptomic analysis. Applied Microbiology and Biotechnology. 99(5): 2419-2430.

Baćmaga, M.; Wyszkowska, J. and Kucharski, J. 2017. Bioaugmentation of soil contaminated with azoxystrobin. Water, Air, and Soil Pollution. 228(1): 19.

Ballesteros, M.L.; Miglioranza, K.S.B.; González, M.; Fillmann, G.; Wunderlin, D.A. and Bistoni, M.A. 2014. Multimatrix measurement of persistent organic pollutants in Mar Chiquita, a continental saline shallow lake. Science of the Total Environment. 490: 73-80.

Barra, R.; Colombo, J.C.; Eguren, G.; Gamboa, N.; Jardim, W.F. and Mendoza, G. 2006. Persistent Organic Pollutants (POPs) in Eastern and Western South American Countries. Reviews of Environmental Contamination and Toxicology. 185: 1-33.

Benimeli, C.S. 2004. Biodegradación de plaguicidas organoclorados por actinobacterias acuáticos. Tesis Doctoral. Facultad de Bioquímica, Química y Farmacia. Universidad Nacional de Tucumán. Tucumán, Argentina.

Benimeli, C.S.; Amoroso, M.J.; Chaile, A.P. and Castro, G.R. 2003. Isolation of four aquatic streptomycetes strains capable of growth on organochlorine pesticides. Bioresource Technology. 89(2): 133-138.

Benimeli, C.S.; Fuentes, M.S.; Abate, C.M. and Amoroso, M.J. 2008. Bioremediation of lindane-contaminated soil by *Streptomyces* sp. M7 and its effects on *Zea mays* growth. International Biodeterioration and Biodegradation. 61(3): 233-239.

Berdy, J. 2005. Bioactive microbial metabolites. Journal of Antibiotics. 58: 1-26.

Bhalerao, T.S. 2012. Bioremediation of endosulfan-contaminated soil by using bioaugmentation treatment of fungal inoculant *Aspergillus niger*. Turkish Journal of Biology. 36(5): 561-567.

BOE 2015. Boletín Oficial del Estado del 25 de junio de 2015. Ley 4/2015 para la prevención y corrección de la contaminación del suelo. Número 176, Sección I. Comunidad Autónoma del País Vasco, España.

Brandolini, M.; Corbella, M.; Cambieri, P.; Barbarini, D.; Sassera, D.; Stronati, M. and Marone, P. 2014. Late-onset neonatal group B streptococcal disease associated with breast milk transmission: molecular typing using RAPD-PCR. Early Human Development. 90: S84-S86.

Briceño, G.; Fuentes, M.S.; Saez, J.M.; Diez, M.C. and Benimeli, C.S. 2018. *Streptomyces* genus as biotechnological tool for pesticide degradation in polluted systems. Critical Reviews in Environmental Science and Technology. 1-33.

Burgos, P.; Madejón, E. and Cabrera, F. 2002. Changes in soil organic matter, enzymatic activities and heavy metal availability induced by application of organic residues. Developments in Soil Science. 28 (2): 353-362.

Cao, X.; Yang, C.; Liu, R.; Li, Q.; Zhang, W.; Liu, J.; Song, C.; Qiao, C. and Mulchandani, A. 2013. Simultaneous degradation of organophosphate and organochlorine pesticides by *Sphingobium japonicum* UT26 with surface-displayed organophosphorus hydrolase. Biodegradation. 24(2): 295-303.

Carrillo Pérez, E.; Arturo, R.M. and Yeomans Reina, H. 2004. Aislamiento, identificación y evaluación de un cultivo mixto de microorganismos con capacidad para degradar DDT. Revista Internacional de Contaminación Ambiental. 20(2): 69-75.

Castañé, P.M.; Sánchez Caro, A. and Salibián, A. 2015. Water quality of the Luján river, a lowland watercourse near the metropolitan area of Buenos Aires (Argentina). Environmental Monitoring and Assessment. 187(10): 645.

Castro Mancilla, Y.V.; Castro Meza, B.I.; de la Garza Requena, F.R.; Rivera Ortiz, P.; Heyer Rodríguez, L. and Ortiz Carrizales, Y.P. 2013. Variación de las poblaciones microbianas del suelo por la adición de hidrocarburos. Terra Latinoamericana, 31(3): 221-230.

Chaile, A.P.; Romero, N.; Amoroso, M.J.; Hidalgo, M.D.V. and Apella, M.C. 1999. Organochlorine pesticides in Salí River. Tucumán-Argentina. Revista Boliviana de Ecología y Conservación Ambiental. 6: 203-209.

Chand, S.; Mustafa, M.D.; Banerjee, B.D. and Guleria, K. 2014. CYP17A1 gene polymorphisms and environmental exposure to organochlorine pesticides contribute to the risk of small for gestational age. European Journal of Obstetrics and Gynecology and Reproductive Biology. 180: 100-105.

Chaudhary, H.S.; Soni, B.; Shrivastava, A.R. and Shrivastava, S. 2013. Diversity and versatility of actinomycetes and its role in antibiotic production. Journal of Applied Pharmaceutical Science. 3(8): 83-94.

Chia, V.M.; Li, Y.; Quraishi, S.M; Graubard, B.I.; Figueroa, J.D.; Weber, J.P.; Chanock, S.J.; Rubertone, M.V.; Erickson, R.L. and McGlynn, K.A. 2010. Effect modification of endocrine disruptors and testicular germ cell tumour risk by hormone-metabolizing genes. International Journal of Andrology. 33(4): 588-596.

Chishti, Z.; Hussain, S.; Arshad, K.R.; Khalid, A. and Arshad, M. 2013. Microbial degradation of chlorpyrifos in liquid media and soil. Journal of Environmental Management. 114: 372-380.

Chowdhury, A.; Pradhan, S.; Saha, M. and Sanyal, N. 2008. Impact of pesticides on soil microbiological parameters and possible bioremediation strategies. Indian Journal of Microbiology. 48(1): 114-127.

Cid, F.D.; Antón, R.S. and Caviedes Vidal, E. 2007. Organochlorine pesticide contamination in three bird species of the Embalse La Florida water reservoir in the semiarid midwest of Argentina. Science of the Total Environment. 385: 86-96.

Commendatore, M.G.; Franco, M.A.; Gómes Costa, P.; Castro, I.B.; Fillmann, G.; Bigatti, G.; Esteves, J.L. and Nievas, M.L. 2015. Butyltins, polyaromatic hydrocarbons, organochlorine pesticides, and polychlorinated biphenyls in sediments and bivalve mollusks in a mid-latitude environment from the Patagonian coastal zone. Environmental Toxicology and Chemistry. 34(12): 2750-2763.

Colin, V.L.; Cortes, A.A.; Aparicio, J.D. and Amoroso, M.J. 2016. Potential application of a bioemulsifier-producing actinobacterium for treatment of vinasse. Chemosphere. 144: 842-847.

Costa, L.G. 2015. The neurotoxicity of organochlorine and pyrethroid pesticides. Occupational Neurology.131: 135-148.

Cremonese, C.; Piccoli, C.; Pasqualotto, F.; Clapauch, R.; Koifman, R.J.; Koifman, S. and Freire, C. 2017. Occupational exposure to pesticides, reproductive hormone levels and sperm quality in young Brazilian men. Reproductive Toxicology. 67: 174-185.

Cuevas Díaz, M.D.C.; Martínez Toledo, A.; Guzmán López, O.; Torres López, C.P.; Ortega Martínez, A.D.C. and Hermida Mendoza, L.J. 2017. Catalase and phosphatase activities during hydrocarbon removal from oil-contaminated soil amended with agro-industrial by-products and macronutrients. Water, Air, and Soil Pollution. 228(4): 159-170.

Cuozzo, S.A.; Rollán, G.C.; Abate, C.M. and Amoroso, M.J. 2009. Specific dechlorinase activity in lindane degradation by *Streptomyces* sp. M7. World Journal of Microbiology and Biotechnology. 25(9): 1539-1546.

Cycoń, M.; Mrozik, A. and Piotrowska Seget, Z. 2017. Bioaugmentation as a strategy for the remediation of pesticide-polluted soil: A review. Chemosphere. 172: 52-71.

Cycoń, M.; Żmijowska, A.; Wójcik, M. and Piotrowska Seget, Z. 2013. Biodegradation and bioremediation potential of diazinon-degrading *Serratia marcescens* to remove other organophosphorus pesticides from soils. Journal of Environmental Management. 117: 7-16.

Dadhwal, M.; Singh, A.; Prakash, O.; Gupta, S.K.; Kumari, K.; Sharma, P.; Jit, S.; Verma, M.; Holliger, C. and Lal, R. 2009. Proposal of biostimulation for hexachlorocyclohexane (HCH) decontamination and characterization of culturable bacterial community from high-dose point HCH-contaminated soils. Journal of Applied Microbiology. 106(2): 381-392.

Dastager, S.G.; Qiang, Z.L.; Damare, S.; Tang, S.K. and Li, W.J. 2012. *Agromyces indicus* sp. nov., isolated from mangroves sediment in Chorao Island, Goa, India. Antonie van Leeuwenhoek. 102(2): 345-352.

Declercq, I.; Cappuyns, V. and Duclos, Y. 2012. Monitored natural attenuation (MNA) of contaminated soils: state of the art in Europe - a critical evaluation. Science of the Total Environment., 426: 393-405.

Dejonghe, W.; Berteloot, E.; Goris, J.; Boon, N.; Crul, K.; Maertens, S. and Top, E.M. 2003. Synergistic degradation of linuron by a bacterial consortium and isolation of a single linuron-degrading *Variovorax* strain. Applied and Environmental Microbiology. 69(3): 1532-1541.

Dietz, R.; Riget, F.F.; Sonne, C.; Letcher, R.; Born, E.W. and Muir, D.C.G. 2004. Seasonal and temporal trends in polychlorinated biphenyls and organochlorine pesticides in East Greenland polar bears (*Ursus maritimus*), 1990-2001. Science of the Total Environment. 331(1): 107-124.

Domínguez, C.M.; Oturán, N.; Romero, A.; Santos, A. and Oturán, M.A. 2018. Lindane degradation by electrooxidation process: Effect of electrode materials on oxidation and mineralization kinetics. Water Research. 135: 220-230.

Durante, C.A.; Santos Neto, E.B.; Azevedo, A.; Crespo, E.A. and Lailson Brito, J. 2016. POPs in the South Latin America: Bioaccumulation of DDT, PCB, HCB, HCH and Mirex in blubber of common dolphin (*Delphinus delphis*) and Fraser's dolphin (*Lagenodelphis hosei*) from Argentina. Science of the Total Environment. 572: 352-360.

Eldakroory, S.A.; Morsi, D.E.; Abdel Rahman, R.H.; Roshdy, S.; Gouida, M.S. and Khashaba. E.O. 2016. Correlation between toxic organochlorine pesticides and breast cancer. Human and Experimental Toxicology. 1-9.

Ensign, J.C. 1990. Introduction to the Actinomycetes. En: The Prokaryotes. A handbook on the Biology of Bacteria: Ecophysiology, Isolation, Identification, Applications. Balows, A.; Trüper, H.G.; Dworkin, M.; Harder, W.; Schleifer, K. (Eds.). Springer. Nueva York, Estados Unidos.

Ezziyyani, M.; Pérez, C.; Requena, M.; Ahmed, A. and Candela, M. 2004. Evaluación del biocontrol de *Phytophthora capsici* en pimiento (*Capsicum annuum* L.) por tratamiento con *Burkholderia cepacia*. Anales de Biología. 26: 61-68.

Ferrer, A. 2003. Pesticide poisoning. Anales del Sistema Sanitario de Navarra. 26: 155-171.

Fuentes, M.S. 2012. Degradación aeróbica de plaguicidas organoclorados (clordano, metoxicloro y lindano) por actinomycetes autóctonos en sistemas líquidos, suelos y fangos. Tesis Doctoral. Facultad de Bioquímica, Química y Farmacia. Universidad Nacional de Tucumán. Tucumán, Argentina.

Fuentes, M.S.; Benimeli, C.S.; Cuozzo, S.A. and Amoroso, M.J. 2010. Isolation of pesticide degrading actinomycetes from a contaminated site: Bacterial growth, removal and dechlorination of organochlorine pesticides. International Biodeterioration and Biodegradation. 64(6): 434-441.

Fuentes, M.S.; Colin, V.L.; Amoroso, M.J. and Benimeli, C.S. 2016. Selection of an actinobacteria mixed culture for chlordane remediation. Pesticide effects on microbial morphology and bioemulsifier production. Journal of Basic Microbiology. 56(2): 127-137.

Fuentes, M.S.; Raimondo, E.E.; Amoroso, M.J. and Benimeli, C.S. 2017. Removal of a mixture of pesticides by a *Streptomyces* consortium: Influence of different soil systems. Chemosphere. 173: 359-367.

Fuentes, M.S.; Saez, J.M.; Benimeli, C.S. and Amoroso, M.J. 2011. Lindane biodegradation by defined consortia of indigenous *Streptomyces* strains. Water, Air, and Soil Pollution. 222(1-4): 217-231.

Fuentes, M.S.; Sineli, P.E.; Pons, S.; de Moreno de LeBlanc, A.; Benimeli, C.S.; Hill, R.T. and Cuozzo, S.A. 2018. Study of the removal of a pesticides mixture by a

Streptomyces strain and their effect on the cytotoxicity of treated systems. Journal of Environmental Chemical Engineering. 6(6): 6836-6843.

Garbisu, C.; Garaiyurrebaso, O.; Epelde, L.; Grohmann, E. and Alkorta, I. 2017. Plasmid-Mediated Bioaugmentation for the bioremediation of contaminated soils. Frontiers in Microbiology. 8: 1966.

Garg, N.; Lata, P.; Jit, S.; Sangwan, S.; Kumar Singh, A.; Dwivedi, V.; Niharika, N.; Kaur, J.; Saxena, A.; Dua, A.; Nayyar, N.; Kohli, P.; Geueke, B.; Kunz, P.; Rentsch, D.; Holliger, C.; Kohler, H.P.E. and Lal, R. 2016. Laboratory and field scale bioremediation of hexachlorocyclohexane (HCH) contaminated soils by means of bioaugmentation and biostimulation. Biodegradation. 27(2-3): 179-193.

Gerber, R.; Smit, N.J.; Van Vuren, J.H.J.; Nakayama, S.M.M.; Yohannes, Y.B.; Ikenaka, Y.; Ishizuka, M. and Wepener, V. 2016. Bioaccumulation and human health risk assessment of DDT and other organochlorine pesticides in an apex aquatic predator from a premier conservation area. Science of the Total Environment. 550: 522-533.

Gerhardt, K.E.; Huang, X.D.; Glick, B.R. and Greenberg, B.M. 2009. Phytoremediation and rhizoremediation of organic soil contaminants: potential and challenges. Plant Science. 176(1): 20-30.

Ghai, R.; Mc Mahon, K.D. and Rodríguez Valera, F. 2012. Breaking a paradigm: cosmopolitan and abundant freshwater actinobacteria are low GC. Environmental Microbiology Reports. 4: 29-35.

Girish, K. and Mohammad Kunhi, A.A. 2013. Microbial degradation of gamma-hexachlorocyclohexane (lindane). African Journal of Microbiology Research. 7(17): 1635-1643.

Gómez Cruz, R. 2010. Biotecnología ambiental: Un acercamiento a la química y a los compuestos xenobióticos. Kuxulkab. 30: 77-79.

Gómez Romero, S.E.; Gutiérrez Bustos, D.C.; Hernández Marín, A.M.; Hernández Rodríguez, C.Z.; Losada Casallas, M. and Mantilla Vargas, P.C. 2008. Factores bióticos y abióticos que condicionan la biorremediación por *Pseudomonas* en suelos contaminados por hidrocarburos. Nova. 6(9): 76-84.

González, M.; Miglioranza, K.S.B.; Aizpún de Moreno, J.E.; Isla, F.I. and Peña, A. 2010. Assessing pesticide leaching and desorption in soils with different agricultural activities from Argentina (Pampa and Patagonia). Chemosphere. 81: 351-358.

González, M.; Miglioranza, K.S.B.; Aizpún de Moreno, J.E. and Moreno, V.J. 2003a. Occurrence and distribution of organochlorine pesticides (OCPs) in tomato (*Lycopersicon esculentum*) crops from organic production. Journal of Agricultural and Food Chemistry. 51(5): 1353-1359.

González, M.; Miglioranza, K.S.B.; Aizpún de Moreno, J.E. and Moreno, V.J. 2003b. Organochlorine pesticide residues in leek (*Allium porrum*) crops grown on untreated soils from an agricultural environment. Journal of Agricultural and Food Chemistry. 51(17): 5024-5029.

Guirao, P.; Beitia, F. and Cenis, J. 1994. Aplicación de la técnica RAPD-PCR a la taxonomía de moscas blancas (Homóptera, *Aleyrodidae*). Boletín de Sanidad Vegetal y Plagas. 20: 757-764.

Gupta, P.K. 2004. Pesticide exposure-Indian scenearias. Toxicology. 198: 83-90.

Hero, J.S.; Pisa, J.H.; Perotti, N.I.; Romero, C.M. and Martínez, M.A. 2017. Endoglucanase and xylanase production by *Bacillus* sp. AR03 in co-culture. Preparative Biochemistry and Biotechnology. 1-8.

IARC. 2015. Press release N° 236. International Agency for Research on Cancer. Monographs evaluate DDT, lindane, and 2, 4-D. Lyon, Francia.

Jastrzębska, E. 2011. The effect of chlorpyrifos and teflubenzuron on the enzymatic activity of soil. Polish Journal of Environmental Studies. 20(4): 903-910.

Jayaraj, R.; Megha, P. and Sreedev, P. 2016. Organochlorine pesticides, their toxic effects on living organisms and their fate in the environment. Interdisciplinary Toxicology. 9(3-4): 90-100.

Jiang, H.; Dong, C.Z.; Huang, Q.; Wang, G.; Fang, B.; Zhang, C. and Dong, H. 2012. Actinobacterial diversity in microbial mats of five hot springs in central and central-eastern Tibet, China. Geomicrobiology Journal. 29(6): 520-527.

Juárez, J. and Villagra de Gamundi, A. 2007. Bioensayos preliminares para evaluar la toxicidad del lindano sobre *Simocephalus vetulus* (OF Muller, 1776) (Crustacea: Cladocera). Revista Peruana de Biología. 14(1): 65-67.

Kamel, E.; Moussa, S.; Abonorag, M.A. and Konuk, M. 2015. Occurrence and possible fate of organochlorine pesticide residues at Manzala Lake in Egypt as a model study. Environmental Monitoring and Assessment. 187(1): 4161.

Karagouni, A.D.; Vionis, A.P.; Baker, P.W. and Wellington, E.M.H. 1993. The effect of soil moisture content on spore germination, mycelium development and survival of a seeded streptomycete in soil. Microbial Releases. 2: 47-51.

Khan, S.; Han, C.; Khan, H.M.; Boccelli, D.L.; Nadagouda, M.N. and Dionysiou, D.D. 2017. Efficient degradation of lindane by visible and simulated solar light-assisted S-TiO_2/peroxymonosulfate process: Kinetics and mechanistic investigations. Molecular Catalysis. 428: 9-16.

Kieser, T.; Bibb, M.J.; Buttner, M.J.; Charter, K.F. and Hopwood, D.A. 2000. Practical *Streptomyces* Genetics. The John Innes Foundation. Norwich, Reino Unido.

Kogbara, R.B.; Ayotamuno, J.M.; Worlu, D.C. and Fubara Manuel, I. 2015. A case study of petroleum degradation in different soil textural classes. Recent Patents on Biotechnology. 9(2): 108-115.

Kucharski, J.; Tomkiel, M.; Baćmaga, M.; Borowik, A. and Wyszkowska, J. 2016. Enzyme activity and microorganisms diversity in soil contaminated with the Boreal 58 WG herbicide. Journal of Environmental Science and Health, Part B. 51(7): 446-454.

Kudo, T. 1997. Family Streptomycetaceae. En: Atlas of Actinomycetes. Miyadoh, S. (Ed.). Asakura Publishing Co., Ltd. Japón.

Laquitaine, L.; Durimel, A.; De Alencastro, L.F.; Jean Marius, C.; Gros, O. and Gaspard, S. 2016. Biodegradability of HCH in agricultural soils from Guadeloupe (French West Indies): identification of the lin genes involved in the HCH degradation pathway. Environmental Science and Pollution Research. 23(1): 120-127.

Lenardón, A.; de Hevia, M.M. and de Carbone, S.E. 1994. Organochlorine pesticides in Argentinian butter. Science of the Total Environment. 144(1-3): 273-277.

Lew, S.; Lew, M.; Szarek, J. and Babińska, I. 2011. Seasonal patterns of the bacterioplankton community composition in a lake threatened by a pesticide disposal site. Environmental Science and Pollution Research. 18(3): 376-385.

LFRP. 1993. Ley Federal de Residuos Peligrosos N° 24.051, Decreto 831/93: Generación, transporte y disposición de residuos peligrosos. Buenos Aires, Argentina.

Liang, B.; Yang, C.; Gong, M.; Zhao, Y.; Zhang, J.; Zhu, C.; Jiang, J. and Li, S. 2011. Adsorption and degradation of triazophos, chlorpyrifos and their main hydrolytic metabolites in paddy soil from Chaohu Lake, China. Journal of Environmental Management. 92: 2229-2234.

Locci, R. 1989. *Streptomyces* and related genera. En: Bergey´s Manual of Systematic Bacteriology, vol. 4. Williams, S.T.; Sharpe, M.E.; Holt, J.G. (Eds.). Williams and Wilkins. Baltimore, Maryland, Estados Unidos.

Lupi, L.; Bedmar, F.; Wunderlin, D.A. and Miglioranza, K.S.B. 2016. Organochlorine pesticides in agricultural soils and associated biota. Environmental Earth Sciences. 75(6): 519.

Manickam, N.; Reddy, M.K.; Saini, H.S. and Shanker, R. 2008. Isolation of hexachlorocyclohexane-degrading *Sphingomonas* sp. by dehalogenase assay and characterization of genes involved in γ-HCH degradation. Journal of Applied Microbiology. 104(4): 952-960.

Marican, A. and Durán Lara, E.F. 2017. A review on pesticide removal through different processes. Environmental Science and Pollution Research. 25(3): 2051-2064.

Martínez López, E.; Espín, S.; Barbar, F.; Lambertucci, S.A.; Gómez Ramírez, P. and García Fernández, A.J. 2015. Contaminants in the southern tip of South America: Analysis of organochlorine compounds in feathers of avian scavengers from Argentinean Patagonia. Ecotoxicology and Environmental Safety. 115: 83-92.

Massone, H.E.; Martínez, D.E.; Cionchi, J.L. and Bocanegra, E. 1998. Suburban areas in developing countries and their relationship to groundwater pollution: a case study of Mar del Plata, Argentina. Environmental Management. 22(2): 245-254.

Mendes, K.F.; Barbosa Martins, B.A.; dos Reis, M.R.; Pimpinato, R.F. and Tornisielo, V.L. 2017. Quantification of the fate of mesotrione applied alone or in a herbicide mixture in two Brazilian arable soils. Environmental Science and Pollution Research. 24(9): 8425-8435.

Miglioranza, K.S.B.; Aizpún de Moreno, J.E. and Moreno, V.J. 2003. Trends in soil science: Organochlorine pesticides in Argentinean soils. Journal of Soils and Sediments. 4: 264-265.

Miglioranza, K.S.B.; González Sagrario, M.D.L.A.; Aizpún de Moreno, J.E.; Moreno, V.J.; Escalante, A.H. and Osterrieth, M.L. 2002. Agricultural soil as a potential source of input of organochlorine pesticides into a nearby pond. Environmental Science and Pollution Research. 9(4): 250-256.

Mishra, K.; Sharma, R.C. and Kumar, S. 2013. Contamination profile of DDT and HCH in surface sediments and their spatial distribution from north-East India. Ecotoxicology and Environmental Safety. 95: 113-122.

Muñiz, S.; Gonzalvo, P.; Valdehita, A.; Molina Molina, J.M.; Navas, J.M.; Olea, N.; Fernández Cascán, J. and Navarro, E. 2017. Ecotoxicological assessment of soils polluted with chemical waste from lindane production: Use of bacterial communities and earthworms as bioremediation tools. Ecotoxicology and Environmental Safety. 145: 539-548.

Nielsen, K.L.; Godfrey, P.A.; Stegger, M.; Andersen, P.S.; Feldgarden, M. and Frimodt Møller, N.; 2014. Selection of unique *Escherichia coli* clones by random amplified polymorphic DNA (RAPD): Evaluation by whole genome sequencing. Journal of Microbiological Methods. 103: 101-103.

Niti, C.; Sunita, S.; Kamlesh, K. and Rakesh, K. 2013. Bioremediation: an emerging technology for remediation of pesticides. Research Journal of Chemical and Environmental Sciences. 17(4): 88-105.

Okoro, C.K.; Brown, R.; Jones, A.L.; Andrews, B.A.; Asenjo, J.A.; Goodfellow, M. and Bull, A.T. 2009. Diversity of culturable actinomycetes in hyper-arid soils of the Atacama Desert, Chile. Antonie Van Leeuwenhoek. 95(2): 121-133.

Ondarza, P.M.; González, M.; Fillmann, G. and Miglioranza, K.S.B. 2014. PBDEs, PCBs and organochlorine pesticides distribution in edible fish from Negro River basin, Argentinean Patagonia. Chemosphere. 94: 135-142.

Önneby, K.; Håkansson, S.; Pizzul, L. and Stenström, J. 2013. Reduced leaching of the herbicide MCPA after bioaugmentation with a formulated and stored *Sphingobium* sp. Biodegradation. 25(2): 291-300.

Pan, H.W.; Lei, H.J.; He, X.S.; Xi, B.D.; Han, Y.P. and Xu, Q.G. 2016. Levels and distributions of organochlorine pesticides in the soil-groundwater system of vegetable planting area in Tianjin City, Northern China. Environmental Geochemistry and Health. 1-13.

Perruchón, C.; Chatzinotas, A.; Omirou, M.; Vasileiadis, S.; Menkissoglou Spiroudi, U. and Karpouzas, D.G. 2017. Isolation of a bacterial consortium able to degrade the fungicide thiabendazole: the key role of a *Sphingomonas phylotype*. Applied Microbiology and Biotechnology. 101(9): 3881-3893.

Phillips, P.J.; Nowell, L.H.; Gilliom, R.J.; Nakagaki, N.; Murray, K.R. and VanAlstyne, C. 2010. Composition, distribution, and potential toxicity of organochlorine mixtures in bed sediments of streams. Science of the Total Environment. 408(3): 594-606.

Pino, N.J.; Domínguez, M.C. and Penuela, G.A. 2011. Isolation of a selected microbial consortium capable of degrading methyl parathion and *p*-nitrophenol from a contaminated soil site. Journal of Environmental Science and Health, Part B. 46(2): 173-180.

Polti, M.A.; Amoroso, M.J. and Abate, C.M. 2006. Caracterización fisiológica y molecular de *Streptomyces* MC1, con capacidad biorremediadora de Cr(VI). III Congreso Argentino de Microbiología General. Buenos Aires, Argentina.

Polti, M.A.; Aparicio, J.D.; Benimeli, C.S. and Amoroso, M.J. 2014. Simultaneous bioremediation of Cr(VI) and lindane in soil by actinobacteria. International Biodeterioration and Biodegradation. 88: 48-55.

PPDB. 2017. Pesticides Properties DataBase [WWW Document]. URL https://sitem.herts.ac.uk/aeru/footprint/es/Reports/370.htm (accessed 10.20.17).

Programa Nacional de Riesgos Químicos. 2017. (http://www.msal.gob.ar/politicassocioambientales/index.php/datos/programa-nacional-de-prevencion-de-riesgos-por-sustancias-quimicas).

Radomski, J.L.; Astolfi, E.; Deichmann, W.B. and Rey, A.A. 1971. Blood levels of organochlorine pesticides in Argentina: occupationally and nonoccupationally exposed adults, children and newborn infants. Toxicology and Applied Pharmacology. 20(2): 186-193.

Rama Krishna, K. and Philip, L. 2008. Adsorption and desorption characteristics of lindane, carbofuran and methyl parathion on various Indian soils. Journal of Hazardous Materials. 160: 559-567.

Rama Krishna, K. and Philip, L. 2011. Bioremediation of single and mixture of pesticide-contaminated soils by mixed pesticide-enriched cultures. Applied Biochemistry and Biotechnology. 164: 1257-1277.

Ramos, J.L.; Marques, S.; van Dillewijn, P.; Espinosa Urgel, M.; Segura, A.; Duque, E.; Krell, T.; Ramos González, M.I.; Bursakov, S.; Roca, A.; Solano, J.; Fernández, M.; Niqui, J.L.; Pizarro Tobías, P. and Wittich, R.M. 2011. Laboratory research aimed at closing the gaps in microbial bioremediation. Trends in Biotechnology. 29: 641-647.

Rani , M.; Shanker, U. and Jassal, V. 2017. Recent strategies for removal and degradation of persistent & toxic organochlorine pesticides using nanoparticles: a review. Journal of Environmental Management. 190: 208-222.

Rao, M.A.; Scelza, R.; Acevedo, F.; Diez, M.C. and Gianfreda, L. 2014. Enzymes as useful tools for environmental purposes. Chemosphere. 107: 145-162.

Ray, L.; Mishra, S.R.; Panda, A.N.; Rastogi, G.; Pattanaik, A.K.; Adhya, T.K.; Suar, M. and Raina, V. 2014. *Streptomyces barkulensis* sp. nov., isolated from an estuarine lake. International Journal of Systematic and Evolutionary Microbiology. 64(4): 1365-1372.

Ridolfi, A.S.; Álvarez, G.B. and Rodríguez Girault, M.E. 2014. Organochlorinated contaminants in general population of Argentina and other Latin American countries. En: Bioremediation in Latin America: Current Research and Perspectives. Álvarez, A.; Polti, M.A. (Eds.). Springer. Londres, Reino Unido.

Ritter, L.; Solomon, K.R.; Forget, J.; Stemeroff, M. and O'Leary, C. 1995. Persistent Organic Pollutants: An Assessment Report on: DDT, Aldrin, Dieldrin, Endrin, Chlordane, Heptachlor, Hexachlorobenzene, Mirex, Toxaphene, Polychlorinated Biphenyls, Dioxins and Furans. For: The International Programme on Chemical Safety (IPCS). Available online: https://www.who.int/ipcs/assessment/en/pcs_95_39_2004_05_13.pdf (accessed on 18 November 2018).

Rodríguez, R.A. and Toranzos G.A. 2003. Stability of bacterial populations in tropical soil upon exposure to Lindane. International Microbiology. 6(4): 253-258.

Ruiz Toledo, J.; Vandame, R.; Castro Chan, R.A.; Penilla Navarro, R.P.; Gómez, J. and Sánchez, D. 2018. Organochlorine Pesticides in Honey and Pollen Samples from Managed Colonies of the Honey Bee *Apis mellifera* Linnaeus and the Stingless Bee *Scaptotrigona mexicana* Guérin from Southern, México. Insects. 9(2): 54.

Saez, J.M.; Alvarez, A.; Fuentes, M.S.; Amoroso, M.J. and Benimeli, C.S. 2017. An Overview on Microbial Degradation of Lindane. En: Microbe-Induced Degradation of Pesticides. Singh, S.N. (Ed.). Springer. Cham, Alemania.

Saez, J.M.; Aparicio, J.D.; Amoroso, M.J. and Benimeli, C.S. 2015. Effect of the acclimation of a *Streptomyces* consortium on lindane biodegradation by free and immobilized cells. Process Biochemistry. 50(11): 1923-1933.

Saez, J.M.; Benimeli, C.S. and Amoroso, M.J. 2012. Lindane removal by pure and mixed cultures of immobilized actinobacteria. Chemosphere. 89(8): 982-987.

Saez, J.M.; Bigliardo, A.L.; Raimondo, E.E.; Briceño, G.E.; Polti, M.A. and Benimeli, C.S. 2018. Lindane dissipation in a biomixture: Effect of soil properties and bioaugmentation. Ecotoxicology and Environmental Safety. 156: 97-105.

Sagarkar, S.; Nousiainen, A.; Shaligram, S.; Björklöf, K.; Lindström, K.; Jørgensen, K.S. and Kapley, A. 2014. Soil mesocosm studies on atrazine bioremediation. Journal of Environmental Management. 139: 208-216.

Salam, L.B.; Ilori, M.O. and Amund, O.O. 2015. Carbazole degradation in the soil microcosm by tropical bacterial strains. Brazilian Journal of Microbiology. 46(4): 1037-1044.

Schnürer, J. and Rosswall, T. 1982. Fluorescein diacetate hydrolysis as a measure of total microbial activity in soil and litter. Applied and Environmental Microbiology. 43(6): 1256-1261.

Shao, W.T. and Gu, A.H. 2016. Effects of organochlorine pesticides on dyslipidemias. Chinese Journal of Preventive Medicine. 50(11): 1011.

Shelton, D.R.; Khader, S.; Karns, J.S. and Pogell, B.M. 1996. Metabolism of twelve herbicides by *Streptomyces*. Biodegradation. 7(2): 129-136.

Sibanda, T.; Mabinya, L.V.; Mazomba, N.; Akinpelu, D.A.; Bernard, K.; Olaniran, A.O. and Okoh, A.I. 2010. Antibiotic producing potentials of three freshwater actinomycetes isolated from the Eastern Cape Province of South Africa. International Journal of Molecular Sciences. 11(7): 2612-2623.

Silva, V.P.; Moreira Santos, M.; Mateus, C.; Teixeira, T.; Ribeiro, R. and Viegas, C.A. 2015. Evaluation of *Arthrobacter aurescens* strain TC1 as bioaugmentation bacterium in soils contaminated with the herbicidal substance terbuthylazine. PloS One. 10(12): e0144978.

Silva Barni, M.F.; Ondarza, P.M.; González, M.; Da Cuña, R.; Meijide, F.; Grosman, F.; Sanzano, P.; Lo Nostro, F.L. and Miglioranza, K.S.B. 2016. Persistent organic pollutants (POPs) in fish with different feeding habits inhabiting a shallow lake ecosystem. Science of the Total Environment. 550: 900-909.

Sineli, P.E.; Herrera, H.M.; Cuozzo, S.A. and Dávila Costa, J.S. 2018. Quantitative proteomic and transcriptional analyses reveal degradation pathway of g-hexachlorocyclohexane and the metabolic context in the actinobacterium *Streptomyces* sp. M7. Chemosphere. 211: 1025-1034.

Singh, B.K.; Kuhad, R.C.; Singh, A.; Tripathi, K.K. and Ghosh, P.K. 2000. Microbial degradation of the pesticide lindane (gamma-hexachlorocyclohexane). Advances in Applied Microbiology. 47: 269-298.

Siripattanakul, S.; Wirojanagud, W.; McEvoy, J.; Limpiyakorn, T. and Khan, E. 2009. Atrazine degradation by stable mixed cultures enriched from agricultural soil and their characterization. Journal of Applied Microbiology. 106(3): 986-992.

Stabili, L.; Pizzolante, G.; Morgante, A.; Nonnis Marzano, C.; Longo, C.; Aresta, A.M.; Zambonin, C.; Corriero, G. and Pietro, A. 2017. Lindane bioremediation capability of bacteria associated with the demosponge *Hymeniacidon perlevis*. Marine Drugs. 15(4): 108.

Tejada, M.; Gómez, I. and del Toro, M. 2011. Use of organic amendments as a bioremediation strategy to reduce the bioavailability of chlorpyrifos insecticide in soils. Effects on soil biology. Ecotoxicology and Environmental Safety. 74(7): 2075-2081.

Thapa, B.; Kumar, A. and Ghimire, A. 2012. A review on bioremediation of petroleum hydrocarbon contaminants in soil. Kathmandu University Journal of Science, Engineering and Technology. 8: 164-170.

Tombesi, N.; Pozo, K. and Harner, T. 2014. Persistent Organic Pollutants (POPs) in the atmosphere of agricultural and urban areas in the Province of Buenos Aires in Argentina using PUF disk passive air samplers. Atmospheric Pollution Research. 5: 170-178.

Torres, P.; Miglioranza, K.S.B.; Uhart, M.M.; González, M. and Commendatore, M. 2015. Organochlorine pesticides and PCBs in southern right whales (*Eubalaena australis*) breeding at Península Valdés, Argentina. Science of the Total Environment. 518: 605-615.

Trasar Cepeda, C.; Leiros, C.; Gil Sotres, F. and Seoane, S. 1997 Towards a biochemical quality index for soils: an expression relating several biological and biochemical properties. Biology and Fertility of Soils. 26(2): 100-106.

UNEP. 2009. Report of the Conference of the Parties of the Stockholm Convention on Persistent Organic Pollutants on the Work of Its Fourth Meeting; UNEP/POPS/COP.4/38; UNEP: Geneva, Suecia.

Ventura, M.; Canchaya, C.; Tauch, A.; Chandra, G.; Fitzgerald, G.F.; Chater, K.F. and van Sinderen, D. 2007. Genomics of actinobacteria: Tracing the evolutionary history of an ancient *phylum*. Microbiology and Molecular Biology Reviews. 71(3): 495-548.

Vijgen, J.; Abhilash, P.C.; Li, Y.F.; Lal, R.; Forter, M.; Torres, J.; Singh, N.; Yunus, M.; Tian, C.; Schaffer, A. and Weber, R. 2011. Hexachlorocyclohexane (HCH) as new Stockholm Convention POPs - a global perspective on the management of lindane and its waste isomers. Environmental Science and Pollution Research. 18:152-162.

Villaamil Lepori, E.C.; Bovi Mitre, G. and Nassetta, M. 2013. Situación actual de la contaminación por plaguicidas en Argentina. Revista Internacional de Contaminación Ambiental. 29: 25-43.

Villaverde, J.; Rubio Bellido, M.; Merchan, F. and Morillo, E. 2017. Bioremediation of diuron contaminated soils by a novel degrading microbial consortium. Journal of Environmental Management. 188: 379-386.

Volke Sepúlveda, T. 2002. Biorremediación de suelos contaminados. Biotecnología. 7(1): 24-39.

Vobis, G. 1992. The genus Actinoplanes and related genera. En: The Prokaryotes. A handbook on the Biology of Bacteria: Ecophysiology, Isolation, Identification, Applications. Balows, A.; Trüper, H.G.; Dworkin, M.; Harder, W.; Schleifer, K. (Eds.). Springer. Nueva York, Estados Unidos.

Vobis, G. 1997. Morphology of actinomycetes. En: Atlas of Actinomycetes. Miyadoh, S. (Ed.). Asakura Publishing Co., Ltd. Japón.

Vobis, G and Chaia, E. 1998. El rol ecológico de los actinomycetes en el suelo. XVI Congreso Argentino de la Ciencia del Suelo. Córdoba, Argentina.

VoPham, T.; Bertrand, K.A.; Hart, J.E.; Laden, F.; Brooks, M.M.; Yuan, J.M.; Talbott, E.O.; Ruddell, D.; Chang, C.C.H. and Weissfeld, J.L. 2017. Pesticide exposure and liver cancer: a review. Cancer Causes Control. 1-14.

Wacławek, S.; Antoš, V.; Hrabák, P.; Černík, M. and Elliott, D. 2016. Remediation of hexachlorocyclohexanes by electrochemically activated persulfates. Environmental Science and Pollution Research. 23(1): 765-773.

Wang, Q.; Xie, S. and Hu, R. 2013. Bioaugmentation with *Arthrobacter* sp. strain DAT1 for remediation of heavily atrazine-contaminated soil. International Biodeterioration and Biodegradation. 77: 63-67.

Whitman, W.B.; Goodfellow, M.; Kampfer, P.; Busse, H.J.; Trujillo, M.E.; Ludwig, W. and Suzuki, K.I. 2012. Bergey's Manual of Systematic Bacteriology. 2° Ed. Volume 5: The Actinobacteria. Part A. Springer. Nueva York, Estados Unidos.

Williman, C.; Munitz, M.S.; Montti, M.I.; Medina, M.B.; Navarro, A.F. and Ronco, A.E. 2017. Pesticide survey in water and suspended solids from the Uruguay River Basin, Argentina. Environmental Monitoring and Assessment. 189(6): 259.

Yaduvanshi, S.K.; Srivastava, N.; Marotta, F.; Jain, S. and Yadav, H. 2012. Evaluation of micronuclei induction capacity and mutagenicity of organochlorine and organophosphate pesticides. Drug Metabolism and Pharmacokinetics. 6(3): 187-197.

Yang, C.; Li, Y.; Zhang, K.; Wang, X.; Ma, C.; Tang, H. and Xu, P. 2010. Atrazine degradation by a simple consortium of *Klebsiella* sp. A1 and *Comamonas* sp. A2 in nitrogen enriched medium. Biodegradation. 21(1): 97-105.

Zhang, Q.; Chen, Z.; Li, Y.; Wang, P.; Zhu, C.; Gao, G.; Xiao, K.; Sun, H.; Zheng, S.; Liang, Y. and Jiang, G. 2015. Occurrence of organochlorine pesticides in the environmental matrices from King George Island, west Antarctica. Environmental Pollution. 206: 142-149.

Zhang, X.Y.; He, F.; Wang, G.H.; Bao, J.; Xu, X.Y. and Qi, S.H. 2013. Diversity and antibacterial activity of culturable actinobacteria isolated from five species of the South China Sea gorgonian corals. World Journal of Microbiology and Biotechnology. 29(6): 1107-1116.

Zhou, H.; Young, C.J.; Loch Caruso, R. and Shikanov, A. 2018. Detection of lindane and 7, 12-dimethylbenz [a] anthracene toxicity at low concentrations in a three-dimensional ovarian follicle culture system. Reproductive Toxicology. 78: 141-149.

Printed by Books on Demand GmbH, Norderstedt / Germany